W0075241

Die geheime Sprache der Katzen

Susanne Schötz

Die geheime Sprache der Katzen

SALZBURG – MÜNCHEN

Sämtliche Angaben in diesem Werk erfolgen trotz sorgfältiger
Bearbeitung ohne Gewähr. Eine Haftung der Autoren bzw.
Herausgeber und des Verlages ist ausgeschlossen.

2. Auflage 2021
© 2018 Ecowin Verlag bei Benevento Publishing Salzburg – München,
eine Marke der Red Bull Media House GmbH, Wals bei Salzburg

Alle Rechte vorbehalten, insbesondere das des öffentlichen Vortrags, der
Übertragung durch Rundfunk und Fernsehen sowie der Übersetzung,
auch einzelner Teile. Kein Teil des Werkes darf in irgendeiner Form
(durch Fotografie, Mikrofilm oder andere Verfahren) ohne schriftliche
Genehmigung des Verlages reproduziert oder unter Verwendung elek-
tronischer Systeme verarbeitet, vervielfältigt oder verbreitet werden.
Gesetzt aus Palatino, Brandon Text

Medieninhaber, Verleger und Herausgeber:
Red Bull Media House GmbH
Oberst-Lepperdinger-Straße 11–15
5071 Wals bei Salzburg, Österreich

Illustration: Anja Moritz
Lektorat: Antje Steinhäuser
Satz: MEDIA DESIGN: RIZNER.AT

Printed by Florjančič tisk, Slovenia
ISBN 978-3-7110-0183-2

Inhalt

Vorwort: Warum die Sprache der Katzen (noch) geheim ist

Diese Frage ist berechtigt. Da dieses Buch die Lautäußerungen von Katzen vorstellt und genau beschreibt, ja, sie sogar mit anschaulichen Hör- und Videobeispielen verdeutlicht, ist es ja keine geheime Sprache mehr, oder? Aber bleibt nicht doch ein Rest Unerklärliches und daher Unerklärtes? Und ist dieses letzte Stückchen Unbekanntes nicht der Grund, warum wir weiterforschen, es noch genauer ergründen wollen? Ich denke, das kann man mit einem klaren Ja beantworten.

Wie Katzen sich ausdrücken, ist in vielerlei Hinsicht anders, als der Mensch dies tut. Wir müssen erst einen ganz speziellen Zugang zu ihnen finden, um sie in ihrem gesamten Wesen zu verstehen – wir müssen sozusagen den »Geheimcode« knacken.

Wir gehen zunächst einmal davon aus, dass alle dasselbe unter einem bestimmten Wort verstehen, ihm also die gleiche Wortbedeutung zuweisen. Aber ist das wirklich so? Nehmen wir das Wort »ja«. Ist ein Ja immer ein Ja? Oder vielleicht gelegentlich doch eher ein Jein? Oder überhaupt vielmehr ein Nein? Die Bedeutung eines Wortes, also das, was der Sprecher meint, wenn er ein bestimmtes Wort sagt, hängt immer auch von der Situation ab, in der es gesprochen wird. Und von der Gefühlslage desjenigen, der es ausspricht. Bei Unklarheiten kann man den menschlichen Sprecher fragen, was denn nun eigentlich gemeint war.

Und wie ist das mit Fremdsprachen? Wenn ich zum Beispiel kein Ungarisch spreche, kann ich Wörterbücher und Übersetzungen aus dem Ungarischen nutzen. Es gibt eine Grammatik der ungarischen Sprache, die ich zurate ziehen kann. Ich kann einen Sprachkurs in der Volkshochschule oder an der Universität besuchen und mich mit Muttersprachlern austauschen.

Mit der Katzensprache verhält es sich anders. Auch wenn ich meine, dass ich einen bestimmten Laut meiner Katze gut deuten und ihn auch einigermaßen gut nachahmen kann, kann ich nie mit hundertprozentiger Sicherheit wissen, ob ich ihn wirklich richtig interpretiere, ob ich ihn im korrekten Kontext verwende und wie ich ihn in eine menschliche Sprache übersetzen kann, denn Katzen haben keine Sprache, die wie eine menschliche (Fremd-)Sprache funktioniert.

Trotzdem können wir uns der Katzensprache annähern und lernen, sie besser zu verstehen. Tierlaute gehören zu einer Kommunikationsart, die eher von der Situation abhängt, in der sie geäußert werden. Man muss daher einen genauen Blick auf die Zusammenhänge richten, bevor man eine Systematik erkennen kann. Wir können unseren Katzen also in bestimmten Situationen Beispiele von im Voraus aufgezeichneten

Katzenlauten vorspielen und genau studieren, wie sie darauf reagieren. Die Ergebnisse können wir dann analysieren und im Hinblick darauf interpretieren, warum ein bestimmter Laut eine gewisse Reaktion ausgelöst hat.

Genau solche Untersuchungen habe ich mit meinen Katzen durchgeführt. Obwohl ich ziemlich sicher bin, dass das Gurren, mit dem mich mein Kater Kompis jeden Morgen begrüßt, ein freundlicher Begrüßungslaut ist, werde ich den Laut nie in ein Wörterbuch eintragen können, denn es gibt in der Katzensprache keine Wörter und Sätze mit einer Grammatik, einer Syntax, also einem geordneten Satzbau, und einer Semantik, also einer genauen Wortbedeutung, wie wir das von menschlichen Sprachen kennen.

Was uns aber weiterhilft, wenn wir die Katzensprache verstehen wollen, ist der Blick auf die Situation, den Zusammenhang, in dem sich die Katze ausdrückt. Während in menschlichen Sprachen verschiedene Wörter einer gleichen (oder ähnlichen) Bedeutung zugeordnet werden (Tisch heißt auf Englisch »table«, auf Schwedisch »bord« und auf Mandarinchinesisch »zhuozi«), sind die Laute in der Katzensprache immer eng mit einer bestimmten Situation verbunden. Eins-zu-eins-Übersetzungen von der Menschen- in die Katzensprache und umgekehrt sind also nicht möglich. Wir können in keinem »Kätzisch-Wörterbuch« nachschlagen, auch deshalb bleibt die Sprache der Katzen in diesem Sinne geheim.

Zudem wissen wir noch sehr wenig über die Vielfalt der Kategorien, Unterkategorien und Varianten von Katzenlauten. In den meisten menschlichen Sprachen gibt es ebenfalls Sprachvarianten wie Dialekte oder Soziolekte, die innerhalb einer gewissen Gruppe, zum Beispiel einer geografischen oder sozialen Gruppe, Berufsgruppe oder Altersgruppe, verwendet werden. Diese Sprachvarianten können wir aber immer noch verstehen, übersetzen und beschreiben. Auch Katzen haben so etwas Ähnliches wie Dialekte entwickelt: In den Situationen, in denen sie mit sprachlicher Kommunikation erfolgreich gewesen sind, werden sie wahrscheinlich auch weiterhin mit solchen Lauten kommunizieren, und sie können auch mehrere Varianten entwickeln (oder vielleicht sogar von anderen Katzen oder ihren Menschen lernen), um ihre Botschaften deutlicher zu machen. Deshalb gibt es innerhalb des gleichen Kontextes ähnliche Laute, die sich durch verschiedene Vokale oder Melodiemuster unterscheiden.

Jede Katze entwickelt im Zusammenleben mit ihren Menschen einzigartige Lautvarianten, die zur jeweiligen Beziehung und deren Kommunikationsbedürfnissen sehr gut passen und entsprechend erprobt sind. Auch deshalb, weil wir alle diese individuellen Varianten weder exakt deuten noch lernen oder sie in ausführlichen Beschreibungen festhalten können, bleibt die Sprache der Katzen geheim. Jede Katze hat ihre eigene »geheime« Sprache, die nur der mit ihr vertraute Mensch – und auch nur, wenn er ihr oft und genau genug zuhört – kennt.

Und doch gibt es Anhaltspunkte für die Möglichkeit einer Verallgemeinerung von Lauten. In diesem Buch präsentiere ich Ihnen die Ergebnisse meiner bisherigen Studien und mein aktuelles Projekt »Meowsic«. Ein Überblick zeigt die verschiedenen Lauttypen, die Situationen, in denen sie vorkommen, und welche Variationen es gibt, zum anderen schildere ich meine persönlichen Erfahrungen in Umgang und Kommunikation zwischen Katze und Mensch. Außerdem gibt es noch einen kleinen Schnellkurs in Phonetik, damit meine sprachwissenschaftlichen Beschreibungen besser verstanden werden können. Vielleicht wagt sich gar der eine oder andere Nichtwissenschaftler an diese Methoden und wendet sie zu Hause im Umgang mit der eigenen Katze an. Da kann es durchaus zu Überraschungen kommen. Oder auch nur zum besseren Verständnis. Auf jeden Fall zu einer besseren Beziehung.

Jedoch: Ein Rest von Geheimnis bleibt. Aber das ist doch der Grund, warum uns unsere Katzen so faszinieren.

Meine ersten Katzen

Mensch und Katze, zwei Arten, aber eine Sprache, die die Grenze zwischen den Gattungen überbrückt – kann das überhaupt gehen? Die Wissenschaft hatte darauf – bisher – keine Antwort. Doch viele Katzenhalter sind der festen Überzeugung, dass die eigene Katze ganz bestimmt sprechen kann. Auch ich als Katzenhalterin lasse mich davon nicht abbringen und sage: Na klar kann sie sprechen! Aber es gibt eben auch die Wissenschaftlerin in mir. Und die sagt: Hier ist die These. Ich werde sie untersuchen! Es nimmt daher nicht wunder, dass ich anfing, die These »Katzen haben eine Sprache« wissenschaftlich zu überprüfen – und zwar mit den Mitteln meines Fachgebietes, der Phonetik.

Dieser wissenschaftliche Ehrgeiz richtet sich freilich auf den verbalen Ausdruck der Katzen. Gibt es »Wörter«, die allen Katzen gemein sind? Kann man sie überhaupt als »Wörter« bezeichnen? Und kann es eine Sprache geben, die man unabhängig vom sonstigen Verhalten der Katze verstehen, begreifen, lernen und als Mensch anwenden kann?

Aber bevor wir phonetische Wissenschaft betreiben, lernen wir unsere »Studienobjekte« kennen: Die fünf

Katzen Donna, Rocky, Turbo, Vimsan und Kompis, mit denen mein Mann und ich zurzeit unser Haus teilen, sind unsere Quelle des Glücks und die Ursache des wissenschaftlichen Ehrgeizes.

Ich bin Frühaufsteherin. Aller Morgenmüdigkeit zum Trotz stehe ich gerne auf und mache den Katzen ihr Frühstück. Denn dieses Ritual ist die erste Gelegenheit des Tages für eine Unterhaltung. Wie jedes Ritual folgt das Frühstück einem geregelten Zeremoniell.

Als Erstes begrüße ich die Kätzin Vimsan, die im Gästezimmer auf dem Sofa schläft. Während ich ihren Fressnapf fülle, eilt sie mit hochgerecktem Schwanz zu mir, streicht und reibt sich gegen meine Beine, springt auf das Spülbecken und fiept leise, so als wollte sie sagen: »Guten Morgen! Schön, dass du schon da bist. Ich habe Hunger.« »Guten Morgen, Süße«, sage ich und streichle sie leicht auf dem Kopf, bevor ich ihren Futternapf auf ihren gewohnten Platz stelle. Meistens hüpft sie vor Freude und stupst ihren Kopf gegen meine Hand. »Brrrt!« – »Danke.«

Die Drillinge sind als Nächstes dran. Sie stehen wartend vor der Küchentür und begrüßen mich mit weichem Gurren. Wieder: »Brrrt«, doch diesmal im Sinne von: »Guten Morgen!« Kater Turbo, der nie genug kriegen kann, springt gleich auf die Küchenbank, gurrt, schnurrt und streicht seinen Kopf gegen meine Hand, während ich sein Futter vorbereite. Ich rede leise mit allen dreien: »Hallo, ihr Lieben, schön, dass ihr schon wach seid, ja, gleich bekommt ihr was zu fressen!«

Rocky stellt sich auf die Hinterbeine, stemmt sich mit den Vorderpfoten auf meine Knie und gibt ein etwas gedehntes »Mä-au!« von sich, das ich als »Oh, riecht das gut, das will ich auch!« deute.

Donna springt grazil auf einen Küchenstuhl, schaut mich erwartungsvoll an und gibt schließlich ein ungeduldig forderndes »Mrhrnaaauuu-hi!« von sich: »Her mit dem Frühstück!« Endlich sind alle auf ihren Plätzen und kauen eifrig und voller Hingabe.

Kompis hat die Nacht auf seiner Lieblingsdecke auf dem Hocker in der Diele verbracht. Er streckt und dehnt sich in seiner ganzen beachtlichen Größe, die im Kontrast zum hellen Baby-Miau, »Mmiihiii«, steht: »Vergiss mich nicht, ich habe auch Hunger!« Wenn ich den Napf auf seinen Platz stelle, reibt er seinen Kopf gegen meine Beine und gurrt leise. »Mrrrh!« – »Danke!« »Bitte, mein Freund«, antworte ich und streichle ihm über den Nacken.

Dann gehe ich raus in den Garten, wo die Nachbarskatze Grauweiß in ihrem neuen Korb vor dem Küchenfenster residiert. »Guten Morgen, Grauweiß«, sage ich. »Gut geschlafen?« Als sie mich sieht, streckt sie sich langsam und erklimmt mit Leichtigkeit den Holzstoß neben dem Fenster, in der berechtigten Erwartung, dass ich dort ihren Futternapf platziere. Grauweiß ist noch sehr zurückhaltend im Umgang mit mir. Ich nähere mich mit gebotener Vorsicht und versuche, sie zart an der Stirn zu streicheln. Sie protestiert umgehend: »Mie, mie!« – »Nein, heute mag ich das nicht.« »Alles gut, wie du willst«, sage ich und gehe zurück ins Haus, wo die anderen Katzen auf mich warten. Das Ritual ist abgeschlossen. Alle Katzen sind satt. Mein Tag kann beginnen.

Das Morgenritual mit meinen Katzen ist stets interessant, stimmt mich positiv und macht so auch stressige Tage entspannter. Unser Austausch, unsere Art, einander »Guten Morgen« zu sagen und miteinander zu frühstücken, ist die beste Art, den Tag zu beginnen. Auch wenn der Ablauf stets demselben Muster folgt, überraschen mich die Katzen immer wieder mit leichten Abwandlungen. Es ist stets eine Mischung aus freundlichen und fröhlichen Lauten, die sich in Nuancen unterscheiden. Mittlerweile kann ich sie recht gut deuten. Folglich verstehe ich meine Katzen immer besser.

Wie alles anfing

Sie haben es sicher schon geahnt: Ich bin ein Katzenfan – eine »Kattatant«, wie es in meiner Sprache, auf Schwedisch, heißt. Ich kann mir ein Leben ohne Katzen nicht vorstellen. Und das ist so, solange ich denken kann.

Daher suchte und fand ich immer wieder Gelegenheiten, Katzen näher kennenzulernen, zu beobachten und zu studieren. Da ich von Beruf Phonetikerin bin, also (Sprach-)Laute wissenschaftlich untersuche, habe ich vor allem die Lautäußerungen studiert, mit denen Katzen sich ausdrücken, wenn sie mit Menschen in Kontakt treten. Die große Vielfalt an Lautvarianten und Nuancen ist erstaunlich und unterscheidet sich von Katze zu Katze. Das Studium dieser Vielfalt kennt kein Ende.

Und doch gibt es Gemeinsamkeiten. Meine Erfahrungen und Erkenntnisse sind hier zusammengefasst und mögen anderen Katzenfreunden als Sprachführer dienen und zum besseren Verständnis ihrer Katze führen.

Wenn wir in der Lage sind, das, was unsere Katzen uns sagen, besser zu verstehen, weil wir in der Lage sind, genauer zuzuhören, wird sich das wechselseitige Verständnis erhöhen. Unsere Beziehung zur Katze und die Beziehung der Katze zu uns wird intensiver. Wir werden ihre Bedürfnisse besser und schneller erkennen und erfüllen können.

Seit ich denken kann, liebe ich Katzen. Obwohl es in meiner Kindheit bei uns zu Hause keine Katze gab, habe ich mir jedes Jahr zu meinem Geburtstag und zu Weihnachten immer eine gewünscht, aber doch nur Stofftiere in Katzengestalt bekommen …

Erst als ich erwachsen war, konnten echte, lebendige Katzen bei mir einziehen. Meine ersten kätzlichen Gefährten bekam ich von Freunden und Verwandten, die ihre Tiere nicht mehr behalten wollten oder konnten.

So lernte ich den freundlichen schwarz-weißen, steifbeinigen Kater namens Fox der Aufgedrehte kennen. Sein Spitzname kam nicht von ungefähr. Er regte sich immer und überall über die kleinsten Kleinigkeiten auf. Aber: Sobald er bei mir ankam, seine Transportbox verließ, um das Terrain meiner Zweizimmerwohnung zu sondieren, war er freundlich, sanft und neugierig. Er schnurrte fröhlich vor sich hin, bediente sich am neuen Fressnapf, machte es sich auf meinem Bett gemütlich – und schlief ein.

Es war Liebe auf den ersten Blick, die viele glückliche Jahre hielt. Als der Tag kam, den alle Tierfreunde fürchten, musste ich mit dem alten und sehr kranken Kater die letzte Reise tun und ihn einschläfern lassen. Obwohl ich litt, war ein katzenfreies Leben für mich nicht denkbar. Also nahmen mein Mann Lars und ich immer wieder »Urlaubskatzen« und spielten Katzensitter, während die Katzenbesitzer verreist waren.

Zu unseren liebsten Urlaubsgästen gehörten die ebenso eleganten wie distanzierten Birmakätzinnen Ludmilla und Estrella sowie die grau getigerte, graziöse und hochintelligente Kissesson.

Der dicke, schwarze, hübsche, ängstliche und besonders leutselige Kater Vincent wohnte einige Jahre lang zwei- bis dreimal pro Jahr bei uns. Weil ich ihn so mochte (und weil er Autoreisen im Transportkäfig so schrecklich fand), verlängerte ich seinen Aufenthalt oft, indem ich ihn später als geplant seinen Besitzern zurückgab.

Nach einigen Jahren durfte er endlich als Mitbewohner bei uns einziehen. Sieben Jahre lange haben wir ihn gepflegt, ihn nach Diätplan gefüttert und ihm, dem Diabetiker, zweimal täglich Insulin gespritzt. Je näher sein Ende kam, desto mehr Medizin brauchte er. Zum Schluss waren es neun verschiedene Tabletten, die er zweimal täglich einnehmen musste. Er hasste es. Wir mussten unsere gesamte Kreativität aufbieten, um ihn dazu zu bewegen, sie zu schlucken. Mit dem Leckerli danach hatten wir den größten Erfolg.

Mit Vincent neben mir auf meinem Schreibtisch habe ich Linguistik und Phonetik studiert und meine Doktorarbeit geschrieben. Als er 2010 starb, waren wir verzweifelt. Ich litt wie einige Jahre davor beim Ende von Fox. Mein Mann, ebenfalls ein großer Katzenliebhaber, schwor: »Nie wieder eine Katze!«

Drei Katzenkinder

Nie wieder? Schon wenige Monate nachdem Vincent uns verlassen hatte, war die Sehnsucht wieder da. Ich begann, die beiden Kätzinnen Schwarzweiß und Grauweiß, die bei unseren Nachbarn wohnten, aber oft in unserem Garten vorbeischauten, in unser Haus zu locken und sie mit Leckerlis zu füttern. Ich schaute mir fast täglich Anzeigen von Katzen, die ein neues Zuhause suchten, an und stieß auf einen Online-Post, dass drei kleine schwarze Katzengeschwister dringend ein neues Zuhause brauchten.

Sie lebten nicht weit von uns in einer kalten Schrebergartenlaube, und es gelang mir, meinen Mann zu überreden, sie wenigstens einmal anzusehen und zu überlegen, ob wir vielleicht eins oder zwei aufnehmen könnten. Als wir an einem kalten Wintertag dort ankamen, fegte der erste Schneesturm des Jahres über unsere Stadt. Die Dame vom lokalen Tierschutzverein, die sie jeden Tag fütterte, war schwer erkältet. Die drei Kleinen waren so bezaubernd und anmutig. Es war um uns geschehen. Aber welche von den dreien sollten wir nehmen? Welches sollten wir allein in der eiskalten Gartenlaube lassen? Und würden wir das übers Herz bringen? Wir versuchten, uns aus der Affäre zu ziehen, indem wir die Entscheidung zunächst den Damen des Tierschutzvereins überließen. Aber die Tierschützerinnen spielten den Ball elegant zurück: Wir sollten doch vorerst alle drei mit nach Hause nehmen, nur so lange, bis sie für die dritte Katze ein anderes Zuhause gefunden hätten.

Schon auf der Rückfahrt im Auto war alles klar: »Wir behalten alle drei«, erklärte mein Mann. Damit war es besiegelt. Am nächsten Tag kamen die drei kuscheligen Jungkatzen zu uns.

Es war das erste Mal, dass wir so kleine Katzen im Haus hatten. Mein Mann und ich fühlten uns bald wie Eltern von Kleinkindern. Es gab pausenlos etwas zu tun. Neben dem üblichen Füttern, Katzenklos-Saubermachen, Staubsaugen (drei schwarze Katzen, die jeden Tag im ganzen Haus rumtoben und spielen, verlieren viele schwarze Haare) gab es ständig etwas aufzuräumen, was die Kleinen umgekippt oder von den Regalen auf den Fußboden geschmissen hatten.

Auch wenn wir ständig auf Achse waren, wir haben nichts bereut. Donna, Rocky und Turbo (ihre Namen hatten sie schon von der Dame im Tierschutzverein bekommen, viele Kosenamen kamen im Lauf der Zeit dazu) ließen uns an vielen Abenteuern teilhaben, die zum Glück stets glimpflich endeten.

Als wir einmal an einem kalten, regnerischen Abend vergessen hatten, ein Fenster im ersten Stock zu schließen, schafften es Donna und Turbo irgendwie, aufs Dach zu klettern. Rocky wollte hinterher, und wir erwischten ihn gerade noch rechtzeitig. Stunden später konnten wir die beiden Ausbrecher – in einer Kletteraktion bei Nacht und Sturm – wieder einfangen.

Ein anderes Mal konnten wir den besonders schüchternen Rocky einfach nicht finden. Als wir ihn endlich – im Kamin – gefunden hatten und Stunden damit verbrachten, ihn rauszulocken, hatten wir zunächst nicht bemerkt, dass er nicht nur natürlich schwarz war. Erst als er im ganzen Haus Rußspuren hinterlassen hatte, erkannten wir das Ausmaß der Katastrophe. Mehr Katzenabenteuer gefällig?

Aus drei mach vier

In unseren Garten kam oft ein großer, hübscher, unkastrierter roter Kater, den wir einfach Rot nannten. Seine Schüchternheit hinderte ihn nicht, unsere Hecke als sein Revier zu markieren. Logischerweise wurden alle verjagt, die er als unbotmäßige Eindringlinge identifizierte, und klarerweise mühte er sich heftig, die beiden Nachbarkätzinnen (beide kastriert) von seinen Vererberqualitäten zu überzeugen. Er blieb nie lange. Wir nahmen an, dass er bestimmt irgendwo ein Zuhause hatte. Zwei Jahre später fanden wir ihn verletzt vor, etwas später schien er geheilt. Wir nahmen weiterhin an, dass sich jemand um ihn kümmerte. Dann ging es ihm wieder schlechter. Wir packten ihn ein, brachten ihn zum Tierarzt, aber es war zu spät. Die Verletzungen waren zu schlimm. Außerdem hatte er eine Tumorerkrankung entwickelt. Der Tierarzt musste ihn einschläfern. Wir waren verzweifelt. Warum hatten wir nicht erkannt, dass er kein Zuhause hatte, warum so lange gewartet, bevor wir ihn zum Tierarzt brachten? Für mich war das ein sehr harter Schlag. Ich schwor mir: nie wieder warten. Eine Katze, die krank oder verletzt scheint, bringe ich sofort zum Tierarzt – ohne erst nachzuforschen, wem sie gehört. Ich hatte ihm nicht richtig zugehört, ihn nicht verstanden...

Einige Zeit danach baute ich für die Nachbarskatzen eine kleine Katzenklappe, damit sie sich bei Kälte in unserem Keller wärmen konnten. Den kleinen, warmen Raum im Keller stattete ich mit Futter, Decken und Wasser aus. Am nächsten Morgen wollte ich gleich nachsehen, ob Schwarzweiß und Grauweiß ihre neue »Wärmestube« und ihr Futter entdeckt hatten, aber als ich in den Keller runterkam, lag da eine Überraschung: Eine gänzlich fremde, sehr kleine, grau getigerte Katze hatte es sich auf der Fensterbank bequem gemacht und schaute mich voller Angst und Neugier aus großen dunklen Augen an.

Ich wusste nicht, was tun, denn ich musste zur Arbeit. Vielleicht war die Katze nur auf einen kurzen Besuch vorbeigekommen. Aber als ich nach der Arbeit wieder in den Keller ging, war die fremde Katze immer noch da. Ich durfte sie vorsichtig streicheln und entdeckte dabei eine schlimme Verletzung an ihrem rechten Hinterbein. Das ganze Bein war eine große offene Wunde. Das Fell war fast total abgerissen und hing in Streifen herunter. Es hatte sich bereits entzündet und sah schrecklich aus. Ab zum Tierarzt! Die Behandlung dauerte den ganzen Tag. Nichts war gebrochen, die Wunde konnte nicht genäht werden, denn zu viel Fell und Haut waren weg. Man konnte nur hoffen, dass alles von selbst heilen würde.

Wir haben die Polizei angerufen und mit Anzeigen im Internet und in Zeitungen nach einem Besitzer gesucht. Diejenigen, die sich meldeten, zogen enttäuscht von dannen. Denn – es war nicht ihre Katze.

Von uns hatte sie inzwischen einen Namen bekommen: Vimsan, das heißt auf Schwedisch: »die mit dem Po wackelt«. Denn mit jedem Schritt, den sie ging, schwankte ihr Hinterteil, was freilich ihrem verletzten Bein geschuldet war.

Nach einem Monat war die Wunde endlich abgeheilt, und der Verband konnte entfernt werden. Während dieser Zeit war Vimsan schon bei uns eingezogen. Unsere Familie hatte sich damit um ein weiteres Mitglied vergrößert.

Vimsan ist eine tolle Katze – aber nur, wenn sie will. Sie ist sehr selbstständig, weshalb wir annehmen, dass sie in der Vergangenheit einiges durchgemacht hat. So klaut sie etwa unser Essen vom Teller. Musste sie sich vielleicht solche Taktiken zulegen, um zu überleben? Sie spielt und tobt gerne mit uns, aber andere Katzen kann sie nicht ausstehen. Vimsan kommt gerne auf den Schoß zum Kuscheln, will aber sonst nicht angefasst und nie im Leben hochgehoben werden. Hebt man sie doch hoch, beißt sie blitzschnell zu.

Aber wir lieben diese kleine, graubraun getigerte Kätzin mit der großen Narbe am Bein und dem zu kurzen Schwanz (die Spitze muss sie irgendwann in ihrem früheren Leben verloren haben) nun mal.

Aus vier mach fünf

Vimsan hatte draußen im Garten oft Streit mit anderen Katzen. Schwarzweiß und Grauweiß gehörten zweifellos zu ihren Feinden. Als ein kleiner schwarzer Kater mit weißen Pfoten, weißer Brust und weißem Bauch irgendwann im Winter bei uns im Garten auftauchte, gab es fast jeden Tag Streit. Dieser junge, unkastrierte Kater war sehr an Vimsan interessiert, aber sie wollte nichts mit ihm zu tun haben. Es gab Streit hoch oben im Apfelbaum, in unserer Hecke und auf dem Rasen. Eines Tages kam der Kater mit einer Wunde im Gesicht, die einfach nicht heilen wollte. Er schien kein Zuhause zu haben. Wir brachten ihn zum Tierarzt, suchten seinen Besitzer. Aber niemand meldete sich auf unsere Anzeigen.

Dieser Kater war inzwischen ein ganz guter Freund geworden. Er war gerne bei uns, wenn wir im Garten arbeiteten oder dort einen Kaffee tranken. Wir haben ihn Kompis (schwedisch für »Kumpel«, »Freund«) getauft. Und – man ahnt es – er ist geblieben. Mittlerweile ist er groß und ziemlich dick geworden, aber wir lieben ihn genau so, wie er ist. Obwohl er unser Größter ist, hat er die kleinste Stimme. Seine Stimmlage ist sogar höher als die unserer Kleinsten, von Vimsan.

Und dann wurde beschlossen: Unsere Familie mit fünf Katzen ist mit Kompis komplett.

Katzen und Phonetik

Ich bin von Beruf Phonetikerin. An der Universität im südschwedischen Lund forsche und lehre ich. In meinem Fachgebiet Phonetik werden alle Laute der menschlichen Sprache erforscht. Im Rahmen meiner Forschung stelle ich mir folgende Fragen: Wie kommen diese Laute zustande, in welchen Frequenzen werden sie produziert und mit welcher Energie? Ich analysiere die Prosodie (also die Melodie, den Rhythmus und die Lautstärke der Sprache) in verschiedenen Wörtern, Sätzen, Dialekten und Sprachen. Zu meinen »Berufskrankheiten« gehört die Gewohnheit, oft eher darauf zu hören, *wie* etwas gesagt wird, als darauf, *was* gesagt wird.

Das ist bei Menschensprache so, und es nimmt nicht wunder, dass ich mich schon früh speziell für die Aspekte des Klangs von Katzenlauten zu interessieren begann. Ich begann mich zu fragen, welche Vokale wohl in einem »Miau« stecken. In welchen Tonhöhen sich die Melodie eines »Miaus« bewegt, wenn meine Katzen mich zum Spielen auffordern. Und ob sich die Melodie wohl ändert, wenn sich die Situation ändert, also etwa, wenn sie rausgelassen werden wollen oder wenn sie sich in einem Kleiderschrank versteckt haben und ich aus Versehen die Schranktür geschlossen habe.

Ich erinnere mich noch gut, wie mir zum ersten Mal auffiel, dass meine Katzen auf eine ganz andere Art miauen, wenn sie zu Hause um Futter bitten, als wenn sie in ihrer Transportbox auf dem Weg zum Tierarzt sind. Die Melodie und auch die Vokallaute ergeben jeweils einen ganz anderen Klang. Woran das wohl liegt? Kann es denn Zufall sein? Geschieht das unbewusst, oder lernen Katzen die verschiedenen Nuancen der Vokale und Melodien? Könnte es sogar sein, dass die Katzen gelernt haben, die Eigenschaften ihrer Laute absichtlich zu ändern, wenn sich die Situation, in der sie sie äußern, ändert?

In diesem Moment reichten Katzenliebe und Wissenschaft einander erstmals die Hand. Ich begann, die verschiedenen Laute von Donna, Rocky und Turbo aufzunehmen und mit den Methoden der Phonetik (die gleichen, die ich benutze, wenn ich menschliche Sprache untersuche) zu analysieren. Mit meinen Phonetiker-Ohren habe ich mir die Laute genau angehört, sie in Lautschrift niedergeschrieben und ihre verschiedenen Merkmale untersucht. Ich fragte mich etwa: Wie lang dauert ein typisches Miauen? In welchen hohen und tiefen Frequenzen können meine Katzen ihre Miaus variieren? Welche Laute sind stimmhaft, welche stimmlos? Welche Vokale und Konsonanten können Katzen herstellen, und wie bewegen sie ihr Maul, wenn sie die verschiedenen Laute hervorbringen?

In der Vergangenheit hatte ich natürlich vieles über Katzenlaute gelesen und gelernt. Vornehmlich aus wissenschaftlichen Büchern und Artikeln. Dabei war auffallend, dass erstaunlich wenig über den Klang und die Phonetik der Katzenlaute geforscht und veröffentlicht wurde. Und ich nahm mir sofort vor, dies zu ändern.

Katzenlaute im Überblick

Die wissenschaftliche Untersuchung von Katzenlauten ist an sich keine neue Erfindung. Schon Charles Darwin (1998) hat über Katzenlaute geschrieben. Er hat sechs bis sieben verschiedene Laute erkannt, wobei er das Schnurren am interessantesten fand, weil es sowohl während der Einatmung als auch während der Ausatmung hergestellt wird.

Marvin R. Clark (1895) geht in seinem Buch *Pussy and her Language* noch einen Schritt weiter. Er bezieht sich auf eine Arbeit des französischen Naturforschers Professor Alphonse Leon Grimaldi, der die verschiedenen Konsonanten und Vokale in Katzenlauten beschreibt. Grimaldi stellt fest, dass mit den Vokalen a, e, i, o und u fast jedes Wort in der Katzensprache gebildet werden kann, die Fließlaute l und r in der Mehrzahl der Äußerungen vorkommen, andere Konsonanten aber eher selten. Wenn wir Grimaldi folgen, gibt es etwa 600 grundlegende »Wörter« in der Katzensprache, von denen alle anderen Wörter abgeleitet werden. In Clarks Buch erfahren wir auch, dass die Katzensprache und das Chinesische sich sehr ähnlich sind, beide verfügen über nur wenige Wörter, aber die Bedeutung der Wörter ändert sich je nach Aussprache – besonders in Bezug auf die Sprechmelodie. Beide Sprachen sind daher sehr angenehm anzuhören, beinahe wie Musik. Moderne Wissenschaftler nehmen Grimaldis Buch nicht allzu ernst, obwohl einige von Grimaldis Beschreibungen zutreffend sein könnten.

Die erste phonetische Studie zu Katzenlauten verfasste Mildred Moelk (1944). Sie hörte ihrer eigenen Katze genau zu und teilte ihre Laute in verschiedene Kategorien ein (16 verschiedene Lautmuster in drei Hauptkategorien). Sie schrieb die verschiedenen Laute auch in phonetischer Schrift nieder. Schnurren schrieb sie beispielsweise ['hrn-rhn-'hrn-rhn...] und Miauen ['miɑou:ʔ]. Noch heute werden Beschreibungen von Katzenlauten in diese drei Hauptkategorien nach Moelk eingeteilt:

1) Lautbildung mit geschlossenem Maul (Schnurren, Gurren, Murren)
2) Lautbildung mit öffnendem-schließendem Maul (Miauen, Heulen)
3) Lautbildung mit gespanntem, offenem Maul (Knurren, Fauchen, Spucken, Schnattern, Zwitschern)

Moelk ging davon aus, dass verschiedene akustische Muster in den Lauten unterschiedliche Botschaften signalisieren, zum Beispiel Anerkennung, Verwirrung, Weigerung, Verlangen und Beschwerde.

Kenneth A. Brown und seine Kollegen Buchwald, Johnson und Mikolich (1978) untersuchten Ende der 1970er-Jahre Laute von ausgewachsenen und jungen Katzen. Sie fanden akustische Ähnlichkeiten bei verschiedenen Lautäußerungen, die in ähnlichen Verhaltenssituationen aufgenommen worden waren, und Unterschiede zwischen Lauten, die in unterschiedlichen Situationen aufgenommen worden waren.

In den Fünfziger- bis Siebzigerjahren entstanden auch Studien mit Laborkatzen. Es handelte sich aufgrund der Laborsituation um akustische Analysen von unnatürlichen (oft vielleicht verzweifelten) Lauten, die in einer sterilen Laboratmosphäre mit Katzen in Käfigen aufgezeichnet wurden. Glücklicherweise gibt es nun immer mehr Fallstudien, die unter artgerechteren Umständen entstehen, etwa in Privathaushalten oder in Tierheimen. Es gibt inzwischen viele wissenschaftliche Studien über Katzenlaute aus der Verhaltensforschung (Ethologie) und Zoologie, jüngst auch sprachwissenschaftliche und phonetische Studien.

Auch wenn es jüngere Quellen gibt: Viele Beschreibungen von Katzenlauten beziehen sich nach wie vor auf die Studie von Mildred Moelk mit drei Hauptkategorien und 16 verschiedenen Lautmustern. Auch ich orientiere mich in diesem Buch an den Kategorien von Moelk und beschreibe die meisten von ihr definierten Lautmuster. Hinzu kommen Laute, die in anderen

Abhandlungen beschrieben sind. Die Kategorien (Laut-muster) sind phonetischen Merkmalen zugeordnet. Da es aber sehr viele Variationen gibt, habe ich beschlossen, nur solche Lautmuster zu beschreiben, die ich selber häufig von meinen und auch anderen Katzen gehört habe. Die allermeisten Lautmuster habe ich auch selbst aufgenommen und mit phonetischen Methoden analysiert. Ich möchte Sie einladen, sich diese einfach mal anzuhören und vielleicht auch mit den Lauten Ihrer Katzen zu vergleichen: Die jeweiligen Links zu den einzelnen Video- und Tonbeispielen finden Sie auf meiner Website *www.meowsic.info/katzenlaute* am Ende des Buches aufgeführt.

Im Folgenden gebe ich Ihnen zunächst einen Überblick über die am häufigsten vorkommenden Katzenlaute. Einige haben zwei oder mehr Bezeichnungen. In Büchern, Artikeln oder auf Websites zum Thema wird manchmal das eine, manchmal das andere Wort für den gleichen Katzenlaut benutzt. Zum Beispiel wird Miauen oft auch als Maunzen bezeichnet, und Heulen kann auch Jaulen heißen. Da es sich dabei wahrscheinlich um dieselben Laute handelt, habe ich die üblichsten Bezeichnungen für jeden Laut zuerst angeführt und andere gewöhnliche Bezeichnungen in Klammern hintangesetzt. Einige Beispiele mit phonetischer (Laut-)Schrift sind auch dabei, und die einzelnen phonetischen Zeichen werden in den Tabellen 1, 2 und 3 auf den Seiten 244 bis 246 weiter erklärt. Sie können gerne vergleichen, ob Sie den ein oder anderen Laut auch von Ihrer Katze kennen.

1. Laute, die mit geschlossenem Maul hergestellt werden:
   a. **Schnurren**: sehr tiefer, anhaltender, verhältnismäßig leiser, ziemlich gleichförmiger summender Laut, den die Katze produziert, während sie kontinuierlich ein- und ausatmet: [↑hːr̃-↑r̃ːh-↓hːr̃-↑r̃ːh] oder [↓hːʀ̃ː-↑ʀ̃ːh-↓hːʀ̃-↑ʀ̃ːh]. Sie schnurrt, wenn sie zufrieden ist, Hunger hat, gestresst ist, Angst oder Schmerzen fühlt, Junge kriegt oder stirbt. Wahrscheinlich bedeutet Schnurren eher: »Ich bin keine Bedrohung« oder: »Lass bitte alles so, wie es jetzt ist« als: »Ich bin zufrieden.« Katzenmütter und ihre Jungen schnurren oft, vielleicht weil es ein leises Geräusch ist, das für andere Raubtiere schwer wahrzunehmen ist. Auch viele wilde Großkatzen schnurren, eine der berühmtesten ist vielleicht der Gepard Caine (siehe Kapitel »Hrrhrrr, bei dir geht's mir gut.« – Glück und Zufriedenheit). Viele Katzen können gleichzeitig schnurren und gurren oder miauen.
   b. **Gurren** (Trillern): ziemlich kurzer und oft weich auf der Zunge gerollter Laut. Hört sich fast wie ein stimmhaftes Zungenspitzen-R (manchmal etwas rau) an: »Mrrrh«, »Mmmrrrut« oder »Brrrh«, was in phonetischer Schrift wie [mr̃ːh], [mːʀ̃ːut] oder [br̃ː] geschrieben werden könnte. Wird bei freundlicher Annäherung und Begrüßung benutzt und auch beim Spielen. Es gibt tiefes Grunzen und Brummen und auch höheres Trillern. Nicht selten geht ein Gurren in Miauen über: »Brrriu«,

»Brrmiau« oder »Mrrriau«; [br̃iuw], [br̃ːmiau] oder [mhr̃ːiauw]. Auch Schnurren und Gurren können zusammen vorkommen.

2. Laute, die mit öffnendem-schließendem Maul hergestellt werden:

a. **Miauen** (Mau(n)zen) ist der Laut, der am häufigsten uns Menschen gegenüber eingesetzt wird. Er hat viele Bedeutungen und phonetische Unterkategorien. Miauen wird meistens mit öffnendem, dann schließendem Maul gebildet. Die folgenden Unterkategorien habe ich auf Basis ihrer phonetischen Merkmale geordnet:

- **Fiepen**: sehr helles/hohes Miauen, oft mit den Vokalen [i], [ɪ] und [e], manchmal gefolgt von einem [u]. Hier kann sich das Maul entweder ganz wenig oder auch mehr öffnen. Junge Katzen benutzen häufig diesen Laut, wenn sie die Aufmerksamkeit oder Hilfe ihrer Mutter einfordern, erwachsene Katzen, wenn sie Aufmerksamkeit oder die Hilfe ihres Menschen brauchen. Klingt oft wie [me], [wi] oder [mɪu].

- **Quieken**: kratziger, nasaler, heller (schriller) und oft kurzer Laut, oft mit den Vokalen [ɛ] oder [æ]. Endet oft mit offenem Maul: [wæ], [mɛ] oder [ɛu].

- **Jammern**: etwas dunkleres Miauen, oft mit den Vokalen [o] oder [u]. Wird oft von ängstlichen oder nach etwas verlangenden Katzen benutzt. Klingt oft wie [mou] oder [wuæu].

- **Miauen** (Mau(n)zen): typischer Miau-Laut, Kombination von mehreren Vokalen, die oft (aber nicht immer) die charakteristische Sequenz [iau] ergeben. Miaut wird häufig gegenüber Menschen, um deren Aufmerksamkeit zu erregen. Es klingt oft wie [miau], [ɛau] oder [wɑːʊ].
- **Gurr-Miauen**: Kombination aus einem Gurren und einem Miau-Laut. Oft mit steigendem Ton, klingt dann wie [m̃ʀhŋau] oder [wh̃ʀːau].

b. **Heulen** (Jaulen): oft ausgedehnter vokalischer Laut, besteht aus Kombinationen von Vokalen und Halbvokalen wie [ɪ], [ɨ], [ʏ] oder [j], Diphthongen, also Doppelvokalen, wie [aʊ], [ɛʊ], [ɑʊ], [ɔɪ] oder [ɑɔ]. Klingt oft wie [awɔɪɛʊː], [jɪ̈ɛɑʊw] oder [ɪːaʊaʊaʊaʊawawaw]. Normalerweise mit langsam sich öffnendem und schließendem Maul und mit steigender und fallender Melodie produziert. Es wird als Warnsignal in einer bedrohlichen Situation eingesetzt, oft gemischt mit Knurren und Grollen in langen Sequenzen, wobei der Tonfall und die Lautstärke langsam aufsteigen und wieder sinken. Oft heulen zwei Katzen im Duett.

c. **Katzengesang** (Geheul): lange klagende Sequenzen mit Miau-, Gurr-Miau- und/oder Heul-Lauten, die mit öffnendem-schließendem Maul hervorgebracht werden. Der Laut ähnelt menschlichem Kinderweinen (hat einen ähnlichen Frequenzbereich). Vielleicht reagieren wir Menschen deshalb sofort auf diesen Laut. Ist der typische Laut der Liebessehnsucht (siehe Kapitel »Mimiaaaauuu, ich will dich!« – Singen, Liebeswerben, Verführen).

3. Laute, die mit gespanntem, offenem Maul hergestellt werden, werden oft mit offensiver oder defensiver Aggression assoziiert, aber auch mit Lauten, die gegenüber Beutetieren geäußert werden.
   a. **Knurren** (Grollen): rauer, sehr tiefer, ausgedehnter stimmhafter Vibrant (hört sich oft wie ein sehr tiefes und raues rollendes Zungenspitzen-»r« oder Zäpfchen-»r« an); klingt oft wie [ɡʀː], [ʀː] oder wie ein trillerndes [ɹ̰ː] oder [ʌ̰ː]. Dieser Laut wird während langsamer und stabiler Ausatmung produziert, um Gefahr zu signalisieren oder um einen Gegner zu warnen oder abzuschrecken. Grollen wird oft als noch tiefer, rauer und lauter als Knurren beschrieben. Knurren wird oft mit Heulen und Fauchen kombiniert.
   b. **Fauchen** und **Spucken** (eine intensivere Variation des Fauchens): Warn- und Abschreckungslaute, mit hochgezogener Oberlippe und sichtbaren Zähnen und mit zum Gaumen gewölbter Zunge durch einen heftigen Luftstoß abgegeben. »Schsch« oder »Fffhhh« (in phonetischer Schrift: [hː], [çː], [ʃː] oder [ʂː]) bedeutet: »Jetzt reicht es aber.« Spucken ist mehr explosiv, oft mit einem kleinen Stoß im Anlaut, klingt wie [k] oder [t]: [t͡ʂː], [k͡hː], und manchmal wird sogar etwas Speichel ausgespuckt.

c. Kreischen (Schreien): kurzer heller, lautstarker und oft rauer oder heiserer Schrei, oft mit vokalischen Lauten verbunden wie [a], [æ], [au] oder [ɛʊ], kommt häufig vor bei einem Streit zwischen Katzen, ist ein Wutschrei als allerletzte Warnung, um den anderen zu erschrecken. Aber auch gequälte oder verletzte Katzen kreischen, wenn sie Schmerzen erleiden.

d. Schnattern und **Zwitschern**: Laute, die manchmal gegenüber Beutetieren (Vögel, Nagetiere, Insekten) verwendet werden. Die Katze versucht, den Laut der Beute zu imitieren, zum Beispiel wenn ein Vogel oder ein Insekt die Aufmerksamkeit der Katze erregt.

▪ **Schnattern** (Keckern): stimmlose, sehr schnelle, stotternde oder klickende Sequenzen von Lauten mit klapperndem Kiefer und Zähneklappern, wobei knisternde k-Konsonanten entstehen: [ǩ= ǩ= ǩ= ǩ= ǩ= ǩ=] oder [k k k k k k].

▪ **Zwitschern** (Meckern): stimmhafte, kurze Laute, ungefähr wie »Eh«, »Ähh« oder »Meck«, hören sich fast wie Vogelgezwitscher, Nagetierpiepsen oder das hohe Klingeln eines Telefons an, der Ton ist oft monoton oder fällt am Ende des Lautes ab [ʔə] und wird meist in Sequenzen wiederholt [ʔɛʔɛʔɛ]. Es kommen auch weichere Varianten vor wie ein leises Piepsen mit variierender Vokalqualität, zum Beispiel [wi] oder [ɦɛu], und Varianten mit längerem, ausgedehntem Zwitschern, das sich wie eine Art Fiedeln anhören kann, oft mit Stimmmodulationen kombiniert wie Tremolo oder Zittern, in Lautschrift sieht das in etwa so aus: [ʔəɛəɥə].

So, dieses Buch könnte jetzt eigentlich schon zu Ende sein, oder? Sie kennen ja jetzt die wichtigsten Laute … Aber ich möchte Ihnen doch gerne noch mehr über die verschiedenen Katzenlaute erzählen und vor allem noch einige Beispiele von typischen Situationen anführen, in denen diese Laute vorkommen.

Kätzisch für Einsteiger

Es gibt sehr viele Katzen auf der Welt – in Deutschland sind sie die beliebtesten Haustiere (12,9 Millionen laut Statista 2015). Viele Menschen können jedoch die Laute ihrer Tiere nicht richtig deuten. Dabei kann jeder, der ein bisschen genauer hinhört, wenn Katzen mit uns Menschen »sprechen«, schnell dahinterkommen, dass sie sehr viele unterschiedliche Laute bilden können und dass es gar nicht so schwer ist, diese verschiedenen Laute zu verstehen. Ein Beispiel: Obwohl unser Kater Kompis sich am liebsten im Garten aufhält, schläft er gerne im Haus – besonders wenn es draußen kalt ist. Da hat er seinen Lieblingsplatz mit seiner Decke auf einem großen Hocker, der vor der Heizung in der Diele steht. Oft schläft er stundenlang, und wenn er wieder wach ist und rausgelassen werden will, wissen wir es sofort, denn er benutzt Laute, die in dem Frequenzbereich liegen, für den wir Menschen besonders empfänglich sind. »Miiää«, sagt er mit sehr heller Stimme. Obwohl wir im ersten Stock und ganz weit weg von ihm sind, hören wir ihn. Wir wissen aber auch, dass Kompis eine viel tiefere Stimme hat, wenn er einen Gegner im Garten verjagt. Dann hört es sich mehr wie ein tiefes

»Moouuoouu« an. Woher weiß er, dass wir ihn besser verstehen, wenn er seine helle Stimme einsetzt? Warum verändert er seine Stimme, wenn er mit einer anderen Katze redet? Können Katzen lernen, wie sie am besten mit verschiedenen Arten (und Individuen) kommunizieren? Verhaltensforscher und Biologen haben schon viel über Katzenkommunikation herausgefunden. Können wir Sprachwissenschaftler etwas zum Verständnis der Katzenkommunikation beitragen? Die Unterschiede zwischen Menschensprache und Tierlauten sind wohlbekannt. Die Gemeinsamkeiten herauszufinden und damit die Brücke zum besseren Verständnis zu bauen, interessiert mich als Sprachwissenschaftlerin besonders.

Aber zunächst zu den Unterschieden zwischen Menschen- und Katzensprache. Um die Gegensätze darzustellen, gehe ich darauf ein, wie die Katze im Allgemeinen kommuniziert, um anschließend zu einer detaillierten Darstellung der Bandbreite der Katzenlaute überzugehen.

Kommunikationscodes bei Menschen und Tieren

Für uns Menschen ist die verbale, also die gesprochene Sprache die bevorzugte Kommunikationsart. Obwohl oft von der »Sprache« der Bienen, Affen, Delfine oder Wale geredet wird, haben sehr viele Forscher anerkannt, dass man deren Kommunikation nicht wirklich als Sprache bezeichnen kann. In vielen wissenschaftlichen Untersuchungen wurde festgestellt, dass die Kommunikationscodes aller Tierarten, die bisher erforscht worden sind, nicht nur sehr einfach, sondern auch äußerst begrenzt sind. Es ist davon auszugehen, dass bei zukünftigen Untersuchungen auch keine Tierart entdeckt werden wird, deren Kommunikationscode von diesem Muster abweicht. Zudem ist die menschliche Sprache offen, das heißt, wir können ohne Begrenzung neue Wörter mit neuen Bedeutungen hinzufügen. Tiere tauschen sich dagegen nur über eine sehr begrenzte Anzahl an Themen aus und können sich über »jetzt« und »hier«, aber meistens nicht über »gestern«, »morgen«, »da drüben« oder »in Schweden« mitteilen.

Wenn Affen, Katzen oder andere Tiere mit Lauten kommunizieren, entspricht ein Laut meist einem »Wort«, das in einem Kontext oder in einer gewissen Situation mit einer Botschaft verknüpft ist (die der Zuhörer oft als Bedeutung interpretiert). Die Wörter der menschlichen Sprache dagegen sind aus mehreren bedeutungsunterscheidenden kleinen Einheiten, etwa Konsonanten und Vokalen (Phonemen), aufgebaut. Wir können die Bedeutung eines Wortes verändern, indem wir eine dieser kleinen Einheiten ändern, so wie zum Beispiel bei »Hand« – »Hund« oder »Haus« – »Maus«.

Tierische Laute sind kontextbedingte – und möglicherweise bedeutungstragende – Einheiten, aber sie bestehen nicht aus kleineren Einheiten, die in sich selbst

keine Bedeutung tragen, so wie die Konsonanten und Vokale in menschlicher Sprache. Wenn eine Katze erst »Miu« sagt und dann »Mäu«, haben diese Laute nicht unbedingt zwei unterschiedliche Bedeutungen. Ein Kommunikationscode mit Tausenden von Bedeutungseinheiten würde nicht zuletzt einen sehr komplexen anatomischen Lautbildungsapparat erfordern, den es in der Tierwelt nicht gibt. Oder? Jüngste Forschungen meinen, dass viele Tierarten doch eine Art Sprachlichkeit haben, die nicht genau wie menschliche Sprache ist, aber nicht unbedingt einfacher oder schlechter als Kommunikationscode funktioniert.

Wie kommunizieren Katzen?

Seit 10 000 Jahren leben Katzen und Menschen zusammen. Wir haben sie domestiziert. Aber vermutlich sie uns auch. Sie haben uns beigebracht, wie wir am besten mit ihnen umgehen (nicht zu schnell nähern, nicht zu grob anfassen, nicht zu laut sprechen), und wir haben ihnen vermittelt, dass wir sie gerne in unserer Nähe haben, dass wir sie gerne füttern und streicheln, dass sie bei uns Wärme und Schutz bekommen, wenn sie nur ein bisschen freundlich zu uns sind und ab und zu ein paar Mäuse fangen, damit unsere Getreidevorräte nicht von Nagern geleert werden.

Obwohl viele Katzen eher Einzelgänger sind und am liebsten keinen Artgenossen in der Nähe haben wollen, gibt es auch Freundschaften unter ihnen. Außerdem leben die meisten domestizierten Katzen gerne mit Menschen zusammen. Sie sind in diesem Sinne soziale Wesen und kommunizieren auf vielerlei Weise untereinander und mit uns Menschen: mit Duft (olfaktorisch), mit Körpersprache (visuell), durch Berührung (taktil) und mit Lauten (akustisch).

Leider sind wir keine Spürhunde, die Düfte besonders gut wahrnehmen, und oft sind unsere Augen mit unseren Smartphones, Computern, Büchern, Zeitungen, Fernsehern und so weiter beschäftigt, sodass wir gar nicht bemerken, dass Mieze schon eine halbe Stunde vor ihrem leeren Futternapf sitzt und aufs Frühstück wartet. Deshalb entwickeln Katzen mit »ihren« Menschen eine Art der Lautsprache, die für beide Seiten verständlich ist. Denn manchmal bleibt ihnen gar nichts anderes übrig, als mit Lauten zu kommunizieren, wenn sie etwas von uns wollen, zum Beispiel mit »Miau«. Das haben sie begriffen. Sie wissen: Darauf reagieren wir sofort, und wir verstehen meist auch, was unsere Katze von uns will: Futter, die Tür öffnen, die Lieblingsspielzeugmaus unter dem Sofa hervorholen oder eine halbe Stunde Aufmerksamkeit – streicheln, kuscheln oder spielen.

Berührung: taktile Kommunikation
Unsere Katzen wissen sehr wohl, dass es das Beste und Einfachste ist, mit Herrchen oder Frauchen über Laute zu kommunizieren. Jedoch die anderen Arten der Kommunikation haben sie beibehalten. Köpfchen geben, um

unsere Beine streichen, mit den Pfoten unseren Schoß kneten (man nennt das rhythmische Treten von Jungkatzen mit den Vorderpfoten gegen die Zitzen der Katzenmutter, bei ausgewachsenen Katzen gegen eine weiche Unterlage wie eine Decke auch »Treteln« oder »Milchtritt«) und manchmal mit den Krallen oder mit einem Biss zeigen, dass es jetzt reicht, das alles sind Beispiele der taktilen Kommunikation. Berührung ist sehr wichtig, nicht nur zwischen der Katzenmutter und ihren Jungen, sondern auch zwischen Katzen, die in Gruppen leben; vielleicht wollen unsere vierbeinigen Hausgenossen uns damit zeigen, dass sie uns Menschen auch in ihrer Clique akzeptieren.

Katzen, die sich gut kennen und Freunde sind, mögen es, dicht beieinanderzuliegen, beispielsweise wenn sie schlafen. Sie putzen sich auch gerne gegenseitig. Zur Begrüßung geben sie oft Köpfchen, also stupsen einen Freund (egal ob Katze, Hund oder Mensch) mit dem Kopf an. Diese taktile Kommunikation besteht aus freundlichen Gesten und dient der Festigung des sozialen Zusammenhaltes.

Körperhaltung und -bewegung: visuelle Kommunikation

Den visuellen Signalen, das heißt der Körpersprache unserer Freunde, sollten wir wesentlich mehr Beachtung schenken, als wir das oft tun. Körperhaltung und -bewegung entweder mit dem ganzen Körper oder nur einzelnen Körperteilen wie Schwanz, Kopf oder Gesicht, vor allem Ohren, Augen und Schnurrbart, geben klare Hinweise auf die momentane Laune oder die Bedürfnisse der Katze. In Aggressions- oder Verteidigungssituationen bedeutet die Vergrößerung des Körpervolumens durch Aufstellen der Haare meist: »Ich bin groß, stark und dominant«, aber das kann auch ein Bluff sein. Deshalb nehmen vor dem Angriff stehende Katzen eine aufrechte Haltung – oft mit Katzenbuckel – ein, sträuben das Fell und öffnen manchmal auch das Maul, um sich so groß und furchterregend wie möglich zu machen und sich auf diese Weise gegen einen eventuellen Eindringling zu verteidigen.

Wenn dagegen Vimsan keine aufrechte Körperhaltung einnimmt, sondern sich hinhockt, sobald Donna an ihr vorbeigeht, bedeutet das etwas ganz anderes: Dann zeigt sie nämlich, dass sie ganz klein und harmlos ist und keinesfalls einen Streit anzetteln will. Katzen kommunizieren häufig mit ganz wenigen visuellen Zeichen, beispielsweise durch die Art, wie sie ihren Kopf, ihre Ohren und Augen bewegen. Stärkere Signale wie Körper- und Schwanzbewegungen und das aufgestellte Fell sind für andere zwar von Weitem sichtbar, aber sie legen sich auch bald wieder und halten nicht so lange wie zum Beispiel eine Duftmarkierung.

Mit langsamen Bewegungen wie Augenschließen, Gähnen, Putzen oder auch durch Davonschleichen im Zeitlupentempo zeigen sie sich harmlos und friedfertig. Schnelle Bewegungen hingegen (Schwanzwedeln, Pfotenstampfen, schnell auf einen Gegner zu- oder vor ihm davonlaufen) sind meist ein Zeichen von Erregung. Sie deuten an, dass es ab nun kritisch werden kann und dass sie es auf einen ordentlichen Krach ankommen lassen würden.

Schwanzsignale sind besonders interessant. Schwanz senkrecht aufgerichtet bedeutet oft: »Ich bin jung, klein und freundlich.« Schwanz hoch, aber aufgeblasen wie eine Bürste kann heißen: »Ich bin groß und beeindruckend«, Schwanz hoch mit kleinem Knick oder Ringelschwänzchen oben dagegen: »Ich bin zufrieden und freundlich.« Das Schwanzwedeln hat bei Katzen eine grundsätzlich andere Bedeutung als bei Hunden.

Es hat selten etwas mit Freude oder freundlicher Erregung zu tun. Vielmehr ist es eine reflexartige Reaktion auf einen inneren Konflikt. Je stärker das Wedeln, desto stärker der Konflikt. Während langsames Schwanzwedeln oft nur ein Zeichen erhöhter Konzentration ist, bedeutet stärkeres Wedeln: »Ich bin aufgeregt«, noch schnelleres Wedeln dann: »Ich bin sehr erregt und – gleich wird es krachen.«

Spritzen und Reiben: Duft-Signale

Leider können wir Menschen nicht alle Gerüche wahrnehmen, die unsere Katzen hinterlassen. Besonders die Pheromone genannten Duftstoffe, die in der Kommunikation zwischen Katzen sehr wesentlich sind, halten sich länger als Laute und erzählen selbst dann noch etwas, wenn die Katze, die diese Duftbotschaft hinterlassen hat, schon längst ganz woanders ist. Duftmarken sind fast wie eine Schrift für Katzen, die andere Artgenossen auch viel später noch »lesen« können. Diese Signale können von Geschlecht, Alter, Gesundheitszustand und Paarungsbereitschaft der Katze erzählen und verraten auch, wie alt die Duftmarke ist. Denn Duftsignale werden nach einer gewissen Zeit schwächer und müssen laufend erneuert werden. Zu den Duftsignalen gehören Harn-, Kot- und Kratzmarken, aber auch das Reiben mit Kopf oder Körper hinterlässt Düfte mit Aussagekraft.

Wir Menschen missverstehen oft diese Signale gänzlich. Wir nehmen ihnen das Verspritzen von Harn und das Kratzen an Möbeln übel und verdächtigen die Katze der Boshaftigkeit. Und wir unternehmen so einiges, um die Katze an diesem Verhalten zu hindern. Möbel versucht man zu reinigen oder mit Mitteln zu präparieren, von denen wir hoffen, dass sie die Katze künftig veranlassen, einen Bogen um sie zu machen. Schlechtestenfalls wird das derart befallene Mobiliar entsorgt. Für die Katze hingegen ist dieses Verhalten Kommunikation und Krallenpflege.

Wenn etwa Kompis im Garten die Büsche bepinkelt, teilt er allen anderen Katzen auf diese Weise mit, dass unser Garten sein alleiniges Hoheitsgebiet ist. In Städten, wo viele Vierbeiner auf engem Raum leben, haben nicht alle eigene Reviere, sondern müssen sich auf demselben Terrain arrangieren.

Erstaunlicherweise sind Katzen in dieser beengten Situation in der Lage, Kompromisse zu schließen und eine Art Schichtbetrieb zu etablieren: »Ich kann vormittags hier ohne Probleme patrouillieren und meine Duftmarken überall hinterlassen, die Nachbarskatzen können am Nachmittag (wenn ich sowieso zu Hause bin und schlafe) das Gleiche machen. Damit treffen wir uns selten und vermeiden Konflikte.« So löst Kompis das Problem. Seine Warnung an andere Katzen, dass er hier der König sei, jung, gesund und unglaublich stark, wird von möglichen Mitbewerbern verstanden. Kommt eine andere Katze und markiert auf seinem Territorium, erneuert er am nächsten Tag seinen Anspruch, indem er wieder markiert.

Wenn Turbo an seinem Lieblingskletterbaum in unserem Wohnzimmer die Krallen schärft, dient es nicht nur der Krallenpflege, sondern auch der Duftmarkierung. Er gibt den Duft durch die Drüsen an seinen Pfoten am Baum ab. Seine Mitkatzen wissen dadurch, dass er vor Kurzem hier war. Das ist also eine Art Katzen-Facebook: »Ich habe mich eingeloggt, und dieser Duft ist meine Statusmeldung.«

Auch Rocky und Donna kommunizieren mit Gerüchen, wenn sie sich an meinen Beinen, meinem Gesicht, an der Küchentür oder am Stuhlbein reiben. Das heißt dann aber eher: »Hier wohne ich, hier fühle ich mich wohl, und ich möchte meinen Duft hier hinterlassen, damit ich, die Bewohner und Dinge in unserem Haus alle gleich riechen, denn dann fühle ich mich sicher und geborgen.«

Auch wenn ich diese Düfte nicht gänzlich wahrnehmen kann, habe ich bemerkt, dass ich, wenn meine Katzen ihre Stirn oder Wangen gegen mein Gesicht reiben, einen schwachen Duft von Banane wahrnehme. Ob das nur Einbildung ist, weiß ich nicht, aber mir sagt dieser Duft so etwas wie: »Du bist mein Mensch, und deshalb sollten wir beide den gleichen Duft tragen.« Vielleicht ist das eine Art von Liebeserklärung oder zumindest ihre Art, einander die Zusammengehörigkeit und die Zugehörigkeit zum Menschen zu versichern.

> *Tipp:* Genügend Kratz- oder Kletterbäume an sorgfältig ausgewählten Plätzen (wo sich die Katze wohlfühlt) in jedem Zimmer beugen zerkratzten Möbeln vor.

Miauen, Gurren, Knurren und Schnurren: Kommunikation durch Laute

Nicht alle Katzen kommunizieren gerne, viel und oft mit Lauten. Viele sind lieber still. Nicht zu vergessen, dass sie nun einmal Raubtiere sind. Das Raubtier ist selbst in unseren Hauskatzen noch tief verankert. Daher bemühen sie sich instinktiv, ihren Aufenthaltsort oder ihr Befinden (gerade wenn sie krank sind oder Schmerzen haben, wenn sie Junge haben) zu verbergen, um nicht selbst zum Beutetier anderer Räuber zu werden. Doch ab und zu wollen sie auch mithilfe von Geräuschen miteinander kommunizieren. Katzen sind gerne nächtens unterwegs, und gerade auf weite Entfernung oder bei wenig Sicht ist der Laut ein sinnvolles Kommunikationsmittel. Den nächtlichen Katzengesang kennen sicher viele.

Katzen haben gelernt, dass Menschen sehr gut auf Katzenlaute reagieren. Wir Menschen haben nicht so gute Nasen wie Katzen, und wir haben außerdem oft unsere Augen woanders und bekommen es beispielsweise nicht mit, wenn sich unser Mitbewohner ins Zimmer schleicht und vor den Futternapf setzt. Wenn wir arbeiten, mit dem Computer oder Handy beschäftigt sind oder schlafen, dann sind Lautäußerungen besonders effektiv. Das haben die Vierbeiner begriffen und sich uns angepasst. Deshalb entwickeln sie mit »ihren« Menschen eine Art der Lautsprache, die für beide Seiten verständlich ist.

Ich habe zudem festgestellt: Je mehr ich mit einer Katze spreche, desto mehr spricht sie auch mit mir. Doch hier ist es wichtig, zu klären: Sprechen alle Katzen dieselbe »Sprache«? Können sie sich gegenseitig verstehen, wenn sie mit vokalen Signalen kommunizieren? Es gibt Signale, die universell sind und von allen Katzen verstanden werden. Aber es gibt auch kleinere geografisch, kulturell und durch die Rasse bedingte Unterschiede. Vielleicht werden Katzen sogar von der Sprache oder dem Dialekt der Menschen in ihrer Nähe beeinflusst? Wenn ich Vorträge über Katzenlaute halte, kommen nach dem Vortrag oft Katzenhalter zu mir und wollen Genaueres wissen, etwa: »Meine Katze macht ganz andere Laute als die, die Sie als Hörbeispiele im Vortrag vorgespielt haben. Kann das daran liegen, dass ich mit meiner Katze zu Hause Japanisch spreche?« Obwohl es noch nicht genau untersucht wurde, meinen viele Forscher, dass Katzen tatsächlich Familien-, Gruppen- oder Nachbarschaftsdialekte entwickeln könnten (Bradshaw, 2013; Leyhausen, 2005). Haben Katzen Dialekte, oder entwickeln sie nur mit ihren Menschen ein Repertoire einzigartiger Laute, die nur der eine Mensch verstehen kann? Diese spannende Frage ist ebenfalls Gegenstand meiner wissenschaftlichen Arbeit.

Nun wird es aber konkret: Ich möchte Ihnen meine Arbeit als Phonetikerin kurz erläutern und Ihnen dann die Katzenlaute aus der Fach-Perspektive näherbringen.

Was macht eigentlich ein Phonetiker?

Meine Aufgabe als Wissenschaftlerin ist zunächst die Untersuchung der menschlichen Sprache. Das mache ich seit 2000. Das klingt einfach, doch ist einiges an Methodenkenntnis nötig.

Was meine Arbeit sehr erleichtert, ist meine natürliche Neugier. Will ich hinter ein Geheimnis kommen, schreckt mich nichts so leicht ab. Auch wenn die Oberfläche noch so klar und fehlerlos scheint, kratze ich gerne ein wenig daran, um zu sehen, ob sich nicht etwa etwas ganz anderes darunter verbirgt.

Wie Sprache entsteht, wie die Sprachlaute (Vokale und Konsonanten) in den verschiedenen Sprachen und Dialekten gebildet werden und wie sie klingen, steht im Mittelpunkt meiner Arbeit und meines Interesses. Ebenso wollte ich wissen, wie die Länge, Lautstärke und Melodie der Sprachlaute, Wörter, Phrasen und Sätze zustande kommen, also die Prosodie, und wie sie in Sprachen und Dialekten klingen. Ich beobachte auch mit wissenschaftlichen Mitteln, wie sich eine menschliche Stimme mit dem Alter verändert. Und es wird noch interessanter: Wie beinflussen Gefühle die Sprache? Warum ändert sich die Sprache, abhängig davon, mit wem man spricht? Warum klingen wir anders, je nachdem, ob wir mit einem älteren oder jüngeren Menschen sprechen oder mit jemandem, den wir entweder lieben oder ablehnen, und ob es sich um eine berufliche oder private Situation handelt, in der das Gespräch stattfindet?

Wir ändern ja die Sprechmelodie schon, wenn wir nur ein simples Wort wie »Katzen« als Frage oder als einfache Feststellung aussprechen. In einer Behauptung fällt die Melodie in der Regel, während sie in einem Fragesatz zumeist steigt. Die Laute gelangen ebenfalls in sehr unterschiedlichen Versionen an unser Ohr. Vokale sind oft lauter als Konsonanten. In dem Wort »Katzen« ist »a« der stärkste Laut. Diesen betonen wir besonders, viel stärker als zum Beispiel das »k« oder das »n«. Die beiden Konsonanten »z« und »n« in »Katzen« hören sich sehr unterschiedlich an. Machen wir die Probe aufs Exempel, artikulieren wir die Laute einzeln und nacheinander, und hören wir einmal genau hin! Wir werden schnell feststellen, dass das »z« (in Lautschrift [s]) sich viel heller als das »n« anhört! Das liegt daran, dass in einem »z« die größte Lautenergie im hohen Frequenzbereich liegt, bei dem »n« aber im tiefen Frequenzbereich. Außerdem ist das »n« stimmhaft, das »z« dagegen stimmlos. Solche Merkmale und noch viele weitere können wir in Diagrammen, in denen die Akustik abgebildet wird, genau studieren. Am Ende dieses Buches finden Sie ein Lautschrift-»Alphabet«, in dem alle Vokale und Konsonanten, die in meinen phonetischen Beschreibungen von Katzenlauten vorkommen, angeführt sind.

Im Folgenden ist ein dreigeteiltes Diagramm abgebildet in der Art, mit der Phonetiker üblicherweise arbeiten. Der obere Teil zeigt ein Oszillogramm, eine Darstellung des Mikrofonsignals bei der Aufzeichnung der Worte »Katzen. Katzen?«. Im Oszillogramm kann man sehen, wie laut und lang die verschiedenen Sprachlaute sind.

In der Mitte ist ein Spektrogramm zu sehen – es zeigt, wie die Lautenergie in jedem Sprachlaut sich über verschiedene Frequenzbereiche verteilt. Weil Vokale meist lauter ausgesprochen werden als Konsonanten, gibt es in Vokalen auch mehr Lautenergie, deshalb werden sie in einem Spektrogramm auch dunkler (schwärzer) dargestellt. Das »z« ist im oberen Frequenzbereich dunkel, aber im unteren Bereich ganz weiß. Das bedeutet, dass ein »z« keine Lautenergie auf tiefen Frequenzen hat, sondern seine ganze Energie im hohen Frequenzbereich bindet. In einem »n« ist es umgekehrt: viel Energie auf den tiefen Frequenzen, aber keine im höheren Frequenzbereich.

Unten ist die Sprechmelodie dargestellt, also wie die Tonhöhe in unserer Stimme steigt und fällt, wenn wir

sprechen. Sie sehen sofort: Die Melodie in »Katzen.«
(Behauptung) und »Katzen?« (Frage) ist unterschiedlich.

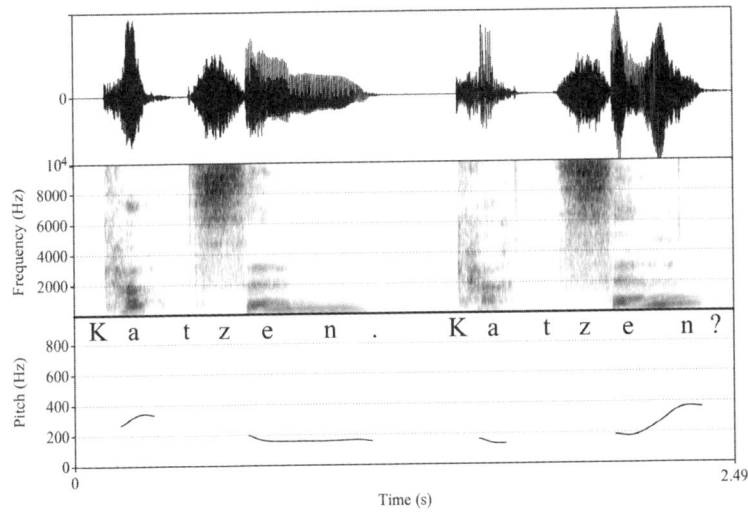

Drei phonetische Diagramme für die Wörter »Katzen.« (Behauptung) und »Katzen?« (Frage): Oszillogramm (oben), Spektrogramm (Mitte) und Melodieverlauf (unten)

Weiterhin stellt man fest, dass gleiche Laute in verschiedenen Dialekten und Sprachen unterschiedlich ausgesprochen werden. Ich habe zum Beispiel mit einer
Methode, die sich elektromagnetische Artikulographie
nennt, also die medizinische Untersuchung der Sprechorgane, eruiert, wie Vokale in verschiedenen schwedischen
Dialekten ausgesprochen (artikuliert) werden, und dabei
buchstäblich in den Mund der Sprecher hineingeschaut,
um zu sehen, wie sich die Zunge, der Unterkiefer und
die Lippen bewegen, wenn sie Vokale produzieren.

Außerdem habe ich diese Vokale so präzise wie möglich in Lautschrift übersetzt. Dazu habe ich ein System genutzt, das in jeder Sprache Gültigkeit hat: das internationale phonetische Alphabet (siehe Tabelle mit phonetischen Zeichen am Ende des Buches, Seite 244). Die phonetische Schrift bildet Laute so ab, wie sie ausgesprochen werden. Ein Zeichen pro Laut ist die Regel. Das Wort »dünn« wird beispielsweise [dʏn] transkribiert. Was für jede menschliche Sprache gilt, könnte vielleicht auch für die Laute der Katzensprache funktionieren, sagte ich mir. Und das tut es – wie ich festgestellt habe – meistens auch.

Eine der am häufigsten verwendeten Methoden meines Fachgebietes ist die akustische Analyse. Mithilfe des Computers kann man viele Merkmale der Sprache messen und vergleichen. Man kann die Länge oder Dauer eines Sprachlautes wie zum Beispiel eines »e« in Millisekunden messen, ebenso wie man das Frequenzspektrum eines Lautsignals (eines Sprachlauts oder eines Wortes) bildlich darstellen kann, und zwar in Form eines Spektrogramms, das ich Ihnen ja bereits vorgestellt habe.

In einem Spektrogramm können wir zum Beispiel sehen, dass sich die Lautenergie bei einem »e« ganz anders auf verschiedene Frequenzen verteilt als diejenige bei einem »a« und dass ein »m« die meiste Energie im tiefen Frequenzbereich hat, ein »s« hingegen im hohen Frequenzbereich. Auch die Tonlage, also die Frequenz des Grundtons, die wir als die Sprechmelodie wahrnehmen, kann mit akustischen Methoden analysiert werden. Wir können genau messen, wie hoch oder tief die Tonlage eines Sprechers ist, ob eine Phrase oder ein Satz monoton in der Melodie ist oder große melodische Höhen und Tiefen aufweist, ob die Melodie steigt, fällt oder vielleicht beides. Die akustischen Analysen sind objektiv, das heißt, dass das Ergebnis stets gleich ausfällt, unabhängig davon, wer die Messungen durchführt (solange er eine phonetische Grundausbildung genossen hat).

Die Wahrnehmung von Klang durch das menschliche Ohr jedoch hängt von dem ab, der ihn hört, und ist also subjektiv. Viele Faktoren beeinflussen und bestimmen unser Hören, etwa das Alter, Erfahrungen, eine Hörschädigung und Ähnliches. Daher führen viele Wissenschaftler meines Gebietes sogenannte Perzeptions- oder Hör-Experimente durch. Dabei lassen sie mehrere Teilnehmer die gleichen Sprachlaute, Wörter und Sätze – die von Sprechern mit entweder gleichen oder unterschiedlichen Dialekten ausgesprochen geworden sind – anhören und beurteilen, zum Beispiel Wort A und Wort B. Werden diese Wörter mit dem gleichen Dialekt oder mit dem gleichen Tonfall/der gleichen Melodie ausgesprochen? Wie alt ist der Sprecher? Sind Sprachlaut 1 und Sprachlaut 2 gleich oder unterschiedlich? Die Ergebnisse aller Teilnehmer werden dann zusammengestellt, und der danach errechnete Durchschnitt zeigt, wie die Sprachbeispiele beurteilt wurden.

Phonetiker beschäftigen sich auch mit Kategorisierungen in Sprachsystemen und beschreiben die Anzahl und Art von Vokalen, Konsonanten, melodischen Mustern und anderen Merkmalen, die einen Dialekt oder eine Sprache ausmachen. In diesem Teilgebiet der Phonetik – der Phonologie – werden die Regeln, die die Kombination von verschiedenen Sprachlauten und Silben in einer Sprache steuern, studiert. Zum Beispiel erlaubt die deutsche Sprache Kombinationen von Konsonanten am Anfang eines Wortes wie in »Sprache«, was hingegen in vielen anderen Sprachen (wie Japanisch und Finnisch) nicht erlaubt ist.

Dieses Wissen ist übrigens auch die Voraussetzung dafür, Computer zum Sprechen zu bringen (Sprachsynthese) beziehungsweise ihnen beizubringen, die menschliche Sprache zu verstehen (Spracherkennung). In der Sprachtechnologie arbeiten Phonetiker mit Ingenieuren und Technikern daran, eine synthetische Sprache zu entwickeln, die beispielsweise in Navigationssystemen für das Auto eingesetzt wird.

Alle diese Aspekte sind Teilgebiete der Wissenschaft der Phonetik. Ich habe sie im Studium erlernt und ihre Methoden in mehreren Forschungsprojekten angewendet. Allerdings hat es ziemlich lange gedauert, bis ich darauf kam, dass ich die meisten phonetischen Methoden auch auf Katzenlaute anwenden kann. Ich begann, mit meinen Wissenschaftler-Ohren die vielen Eigenarten der Laute meines Katers Vincent wahrzunehmen, und machte Tonaufnahmen davon. Je genauer ich zuhörte und wahrnahm, wie aus Vincents Maul vollkommen unterschiedliche Geräusche herauskamen, desto mehr Fragen drängten sich mir auf, die letztlich nur mit den

Methoden der phonetischen Wissenschaft zu beantworten sind.

Miau ist nicht gleich Miau – Katzenlaute aus Sicht der Wissenschaft

Was will eigentlich Turbo, wenn er besonders komisch miaut? Und was macht der sonst so zurückhaltende, nahezu ängstliche Rocky für komische schnatternde Töne, wenn er im Fenster sitzt und einen Vogel im Garten sieht? Warum schnurren Katzen überhaupt, und was bedeutet es genau? Haben diese Laute überhaupt eine Bedeutung? Wann und warum benutzen Katzen Laute, um mit uns Menschen zu kommunizieren? Warum scheinen wir (Katze und Mensch) uns so gut zu verstehen? Oder ist es nur eine Illusion, wenn wir glauben, mit unseren Tieren durch Sprache und Laute gut kommunizieren zu können?

Gibt es überhaupt so etwas wie Katzensprache oder Kätzisch, und wenn ja, wie ähnlich ist diese »Sprache« unseren menschlichen Sprachen? Könnte es sein, dass wir die Laute unserer Katzen verstehen können, wenn wir nicht nach Wörtern, Grammatik oder Vokalen und Konsonanten suchen, sondern nach universellen Merkmalen wie der Tonlage und -länge, der Lautstärke oder Melodie?

2010 hörte ich bei einer phonetischen Konferenz in Lund einen Vortrag über Katzenschnurren von meinem Kollegen Dr. Robert Eklund. Er hat mir die Augen (und

Ohren) dafür geöffnet, dass auch ich mein phonetisches und sprachwissenschaftliches Wissen, meine Erfahrungen und Forschungsmethoden auf Katzenlaute anwenden konnte. Und zwar nicht nur auf das Schnurren, sondern auf alle Katzenlaute. Wieder zu Hause angekommen, machte ich mich sogleich daran, meine und auch andere Katzen mit dem Mikrofon zu belauschen und so viele Tonbeispiele wie möglich aufzunehmen, um anschließend ihre Merkmale in Ruhe zu studieren.

Seitdem mache ich fast täglich Aufzeichnungen von meinen und anderen Katzen. Meine ersten großen Entdeckungen waren, dass die Bandbreite der Katzenlaute riesig ist, dass Katzen sehr viele verschiedene Laute benutzen, um mit uns Menschen und Artgenossen zu kommunizieren, und dass sie ihre Grundfrequenz (was wir als Sprechmelodie wahrnehmen) von etwa 25 Hertz (Anzahl Schwingungen pro Sekunde, Hz) bis auf 1100 Hz sehr schnell steigern können.

Alle (Sprach-)Laute entstehen, bei Katzen genauso wie bei Menschen, wenn ein Luftstrom auf ein Hindernis im Kehlkopf oder weiter vorne im Rachen oder Mund trifft. Das kann zum Beispiel beim Produzieren eines Vokals im Kehlkopf geschehen, wenn die eingeatmete Luft beim Ausatmen auf das Hindernis der zusammengezogenen Stimmbänder stößt, aber auch am Gaumen gleich hinter den Zähnen, wenn wir mit der Zunge dort ein »t« oder ein »s« bilden, oder zwischen der Unterlippe und den Zähnen, wenn wir ein »f« artikulieren. Dass ein »s« oder »i« sich heller anhören als ein »h« oder »o«, hat auch mit der Artikulation zu tun. Die Größe und Form der Mund- oder Maulhöhle bestimmt die Klangfarbe (oder Resonanz) eines (Sprach-)Lautes.

Katzen haben also kleinere Lautbildungsorgane, aber ähnliche wie wir: Kehlkopf, Zunge, Gaumen, Lippen und Kiefer. Und sie bewegen sie ähnlich wie wir, wenn sie ihre Laute produzieren. Deshalb kann man auch Katzenlaute mit phonetischen Methoden studieren.

Wozu brauchen Katzen so viele Laute, und weshalb variieren sie ihre Stimmen so sehr? Was bedeuten die akustischen Signale (also die Laute) der Katzen eigentlich? Und was kann die Sprachwissenschaftlerin, die ja weder Zoologin noch Verhaltensforscherin ist, zum Verständnis beitragen?

Es ist zunächst gar nicht so einfach, die Artikulation der Katze zu untersuchen. Man muss stets zur Stelle sein, wenn die Katze gerade Lust hat, etwas zu »sagen«. Das tut sie nicht unbedingt auf Kommando. Auch nicht, wenn man sie darum bittet oder dazu auffordert.

Laborexperimente kommen nicht infrage. Erstens möchte ich keine Katze einer unnatürlichen Situation aussetzen. Außerdem bekäme man nur verfälschte, weil unter »falschen« Bedingungen entstandene, Ergebnisse. Das bedeutet: keine Röntgenaufnahmen, keine elektromagnetische Artikulografie, bei der kleine Spulen auf die Zunge geklebt werden, um die Bewegungen der Sprechwerkzeuge zu untersuchen. Auch keinerlei andere sogenannte invasive Methoden, bei denen die Tiere in

Mitleidenschaft gezogen werden könnten. Ich werde auch nie kleine Nadeln (sogenannte Elektroden) in die Muskeln der Organe, die die Katze zum Bilden der Laute nutzt, stechen, keine Sonde ins Maul stecken, die von Zungen- oder Stimmbandbewegungen Videoaufzeichnungen macht, und auch keine Katze minutenlang in einer Magnetkamera, die sehr starke Geräusche von sich gibt, festhalten. Es gibt die Ansicht, dass Ultraschall eine Alternative wäre. Auch wenn manche Tierfreunde, Tierärzte und Wissenschaftler diese für einen gangbaren Weg halten, bleibt doch die Frage: Wie will man eine Katze überreden, zu schnurren, zu miauen oder zu gurren, wenn ihr Fell abrasiert und ihr Hals mit Gel eingeschmiert worden ist und ein hartes Gerät gegen ihren Kehlkopf oder unter ihr Maul gedrückt wird? Ich denke: gar nicht. Daher nehme ich mit Videoaufzeichnungen von Maulbewegungen vorlieb, zumindest solange es keine wirklich hilfreiche artgerechte Methode gibt.

Video- und Tonaufnahmen indes sind sehr sinnvoll. Man muss eben »nur« anwesend sein, wenn die Katze gerade Lust hat, etwas zu sagen, und das Mikrofon ausreichend nahe an ihrem Maul platzieren, damit der Ton gut hörbar und daher für die wissenschaftliche Analyse geeignet ist. Katzen sprechen nämlich meist nicht besonders laut. Außerdem merken sie ganz schnell, wenn man ein solches Experiment plant und vorbereitet, und sind verstimmt. Sie nehmen dann Reißaus, verstecken sich und machen keinen Mucks. Es würde die Forschung sehr erleichtern, könnte man einfach das Mikrofon hinhalten und die Katze höflich bitten, sich mitzuteilen, indem sie dreimal miaut, zweimal schön gurrt und als krönenden Abschluss vielleicht ein- oder zweimal faucht. Und vielleicht noch klar und deutlich sagt, was ganz genau damit gemeint ist. Hier ist ein Scheitern vorprogrammiert, also habe ich mich für eine andere Strategie entschieden: Ich bereite das »Forschungsfeld« vor, bringe Kamera, Mikrofon und Leckerlis in Position. Und ich hoffe, dass die Katzen, deren Aktionen ich aufzeichnen will, diese Umgebung als vollkommen normal empfinden und sich demgemäß so äußern, wie ihnen der Schnabel gewachsen ist, und sich so äußern, wie sie sich immer äußern, wenn gerade Fütterungszeit ist, wenn sie rein- oder rausgelassen werden wollen, wenn sie zu ihren Menschen Kontakt haben wollen, kuscheln oder spielen wollen. Ich halte mich möglichst im Hintergrund und versuche nicht, ihr Verhalten und ihre Äußerungen zu beeinflussen.

Die so entstandenen Aufzeichnungen höre ich dann mehrmals mit meinen »Wissenschaftler-Ohren« an. Ich beschreibe die Laute mit phonetischen Begriffen und übertrage sie in Lautschrift.

Danach kommt die akustische Analyse. Ich studiere die Frequenzverteilung der Lautenergie in Spektrogrammen, ich messe die Dauer (Länge) und Frequenz der Melodie (Tonhöhe), die Intensität (Lautstärke) und andere Merkmale.

Mit meinen Ergebnissen kann ich jeden einzelnen Laut in ein System einordnen. Zu welchem Lauttyp gehört ein bestimmter Katzenlaut? Wie sieht das melodische Muster aus? Welche Katze hat diesen Laut hergestellt (Geschlecht, Alter, Rasse)?

Erst dann kann ich damit beginnen, mögliche Antworten auf bestimmte Fragen zu finden. Haben Katzen in bestimmten Erregungszuständen andere Miau-Melodien als entspannte Katzen? Machen alle Katzen die gleichen Laute in derselben Situation? Welche Variation gibt es innerhalb einer (Unter-)Kategorie von Lauten? Diese Fragen lassen sich sehr gut mit phonetischen Methoden beantworten. Ich stelle Ihnen im Folgenden noch ein Forschungsprojekt vor, in dem ich die Melodie in der Kommunikation zwischen Katze und Mensch untersuche (siehe Kapitel: Studien und Projekte, Seite 199).

In den folgenden Kapiteln werde ich die am häufigsten vorkommenden Katzenlaute genau beschreiben. Ich werde jeden Lauttyp und dessen phonetische Unterkategorien schildern und auch zeigen, in welchen typischen Situationen jeder Laut vorkommt. Außerdem gehe ich auf die dazugehörige Körpersprache, die Artikulation und die Transkription in phonetische Schrift sowie Stimme und Melodie ein. Dazu kommen für jeden Lauttyp auch konkrete Beispiele (mit Lautäußerungen meiner oder anderer Katzen).

»Miau«

Die häufigste Vokabel der Katzensprache

Miaut wird am häufigsten. Miaut wird vornehmlich, wenn sich die Katze an den Menschen wendet, und das Miauen hat Klangbilder in vielerlei Nuancen. Manche Katzen miauen mit dunklen (tiefen) Stimmen, andere mit hellen, viele Katzen miauen oft, andere fast nie.

Trotzdem weiß jeder Mensch, wie sich ein Miau anhört, Miauen ist *der* Katzenlaut schlechthin. Seine Bandbreite reicht von »Alarm« bis kaum wahrnehmbar. Am »Alarm«-Ende der Skala liegt etwa das durchdringende Miau unseres alten Katers Vincent. Als er noch lebte, brauchten wir keinen Wecker. Er wusste genau: Wenn er morgens Hunger hat, braucht er nur mehrmals zu miauen um seine Menschen zügig aus dem Bett zu bekommen, damit er zu seinem Frühstück kommt. Eine Weile hat sein Weckruf funktioniert. Aber auch wir Menschen haben rasch gelernt. Um uns nicht weiter auf diese Weise »dressieren« zu lassen, gab es fortan nie wieder Frühstück unmittelbar nach dem Aufstehen. Und – es scheint zu funktionieren, denn jetzt werden wir nur noch sehr selten von Miau-Lauten geweckt. Bei fünf Katzen käme das einem morgendlichen Albtraum gleich.

Unsere Katzen miauen aber auch gerne in verschiedenen Lebenslagen, und zwar jede auf ihre Art und Weise. Kompis miaut mit einer hellen »Babystimme«, wenn er rein- oder rausgelassen werden will. Rocky miaut in zwei oder drei Silben, wenn er mit seinen Geschwistern spielen möchte. Turbo miaut mit seiner heiseren Stimme, wenn er unbedingt auf meinen Schoß will, und Donna miaut weich und anschmeichelnd, wenn sie mich zum Spielen oder Kuscheln animiert. Die kleine Vimsan miaut selten, aber hat langsam gelernt, dass, wenn wir nicht sofort verstehen, was sie gerade möchte (fressen, raus in den Garten), oft ein leises Fiepen hilft. Wenn das auch nichts bringt, wird sie

deutlicher. Sie miaut laut, prägnant – und wirkungsvoll. Ähnlich ausdrucksstark wird sie, wenn sie von
draußen nach drinnen will, als würde sie mit einbezie-
hen, dass eine höhere Lautstärke nötig ist, um von den
Menschen drinnen wahrgenommen zu werden.

Beschreibung des Lautes

Meine Katzen haben mir also gezeigt, dass es sehr viele
verschiedene Miaus gibt. Dieser Laut kommt in zahlreichen Variationen und äußerst unterschiedlichen
Situationen vor. Ein Miau-Laut kann mit verschiedenen
Vokalen (zum Beispiel [iu], [iau], [uæ]), mit oder ohne
»m« mit geschlossenem Maul im Ansatz (mit »m«: [miau],
ohne »m«: [au] oder [wau]), mit unterschiedlich vielen
Silben ([wu-au], [mia-wau], [miæ-æ-aʊ]) ausgesprochen
werden.

Miauen kann bestimmt, lockend, anspruchsvoll, auffordernd, fordernd, jammernd, traurig, wehleidig, freundlich, tapfer oder unerschrocken klingen. Es wird häufig
benutzt, um Aufmerksamkeit zu erregen (»Ich will etwas.«) oder um etwas festzustellen (»Mein Fressnapf ist
wieder leer.«), kann aber auch einfach eine freundliche
Begrüßung sein (»Ich sehe, dass du da bist. Ich bin
hier.«). Es gibt vielleicht sogar auch ein für uns Menschen unhörbares Miauen. Eine Art Ultraschall-Miau
mit Frequenzen, die wir Menschen überhaupt nicht
wahrnehmen können (die Katze hört viel weiter in den
Ultraschallbereich hinein und kann deshalb auch die

Geräusche ihrer Beutetiere wie Mäuse sehr gut wahrnehmen und womöglich auch selbst Ultraschallgeräusche produzieren).

Miauen wird in der Regel mit öffnendem-schließendem Maul hergestellt, daraus ergibt sich das typische Miau-Geräusch [miau]. Im »M« ist das Maul geschlossen, es öffnet sich beim »i«, das »a« wird mit offenem Maul geäußert, und beim »u« wird das Maul wieder geschlossen. Probieren Sie einmal, selbst ein »Miau« zu sagen, und schauen sich dabei im Spiegel an. Merken Sie, wie sich Ihr Mund erst öffnet und dann wieder schließt?

Manche Miaus fangen mit offenem Maul an: »Aou« oder enden mit offenem Maul: »Wuä«. Obwohl Miauen in vielen Sprachen sehr ähnlich geschrieben wird und oft mit dem Buchstaben M anfängt, beginnt dieser Laut in Wahrheit oft eher mit einem [w] oder [u]. Auch Miaus mit zwei oder noch mehr Silben (wie »Mawau«) kommen bei Katzen vor. Kätzinnen lassen (weil sie und damit auch ihr Sprechapparat kleiner sind) oft hellere Miaus ertönen als erwachsene Kater, noch nicht erwachsene Katzen noch hellere.

Ein Miauen kann fast unendlich variiert werden, und weil es so viele Variationen gibt, ist es nicht ganz einfach, die verschiedenen Laute in Unterkategorien einzuteilen. Verschiedene Individuen haben auch unterschiedliche Arten und Nuancen von Miaus – vielleicht weil jeder Vierbeiner sein Vokabular von Miau-Lauten nach Situation und Bedarf individuell verändert, erweitert und seinem Menschen anpasst. Vielleicht gibt es sogar geografische Unterschiede – das heißt Unterschiede, die vom Einfluss der menschlichen Sprache (des Dialekts), die in der Nähe der Katze gesprochen wird, oder von den Lauten anderer Katzen in der Umgebung herrühren. Eine Rolle spielen auch Unterschiede zwischen den verschiedenen Rassen. Viele behaupten zum Beispiel, dass Siamkatzen eine besonders laute Art des Miauens eigen ist. Manche Rassen sollen gesprächiger sein als andere, manche Katzen kommunizieren viel weniger als ihre Geschwister aus dem gleichen Wurf. Viele können mit mehreren Silben miauen, zum Beispiel [mi-a-a-au] oder [wa-æh-æh]. Es scheint fast, als ob sie Sätze mit mehreren Wörtern sagen, vielleicht weil sie uns zugehört haben, wenn wir in längeren Sätzen sprechen, und dasselbe probieren wollen.

Jeder Katzenhalter muss sich also mit Geduld und guten Ohren der Bedeutung der individuellen Laute seiner Katze annähern. Aber die phonetischen Merkmale, die in diesem Buch angeführt sind, weisen den richtigen Weg. Ich habe die folgenden Miau-Kategorien aufgrund ihrer phonetischen Unterschiede gewählt, um die große Bandbreite dieses kätzischen Ausdrucks darzustellen.

Fiepen
Es handelt sich hierbei um ein sehr helles/hohes Miauen, in dem oft [i], [ɪ], [e] und [u] als Vokale vorkom-

men. Hier kann sich das Maul entweder ganz gering oder auch etwas weiter öffnen. Junge Katzen benutzen häufig diesen Laut, wenn sie die Aufmerksamkeit oder Hilfe ihrer Mutter einfordern. Oft fiepen Katzenbabys, wenn ihnen kalt ist, sie hungrig sind oder sie sich verlaufen haben und nicht zurückfinden können. Wir müssen davon ausgehen, dass die Katzenmütter diesen Laut sehr gut wahrnehmen und verstehen.

Denn die Praxis zeigt, wenn das Kleine fiept, ist die Mama schnell zur Stelle. Es gibt erwachsene Katzen, die diesen »Kinderlaut« beibehalten und diese »Babysprache« gegenüber uns Menschen einsetzen, wenn sie traurig oder ängstlich sind.

Quieken

Was wir hören, wenn die Katze quiekt, ist einem Fiepen ähnlich. Aber rauer, heiserer, nasaler und oft kürzer. Die Vokale, die darin vorkommen, sind oft ein [ɛ] oder ein [æ]. Dieser freundlich auffordernde Miau-Laut endet in der Regel mit offenem Maul, klingt dann zum Beispiel wie [wæ], [mɛ] oder [ɛʊ]. Fiepen hat also mehr »i« in sich, Quieken mehr »ä«. Meine Katzen benutzen diesen Laut oft, wenn sie mich zum Spielen auffordern oder zwischendurch etwas zum Naschen wollen. Die Praxis weist darauf hin, dass das Quieken meist als »Ich will etwas und bin froh, dass du es siehst« oder »Ich bin ja so klein und niedlich, und ich will was von dir« gemeint ist. Oft steigt die Melodie am Ende.

Jammern

Das ist ein dunkleres, oft klagendes oder traurig klingendes Miauen, oft getragen von den Vokalen [o] oder [u]. Katzen jammern häufig, wenn sie ängstlich, nervös oder traurig sind – zum Beispiel wenn sie in einem Zimmer oder einer Transportbox eingeschlossen sind und nicht rauskönnen. Oder wenn sie etwas unbedingt wollen und deshalb sehr fordernd auftreten. Das klingt dann wie [mou] oder [wuæu]. Oft (aber nicht immer) ist die Melodie gleichmäßig und am Ende fallend.

Miauen

Der typische Miau-Laut entsteht aus einer Kombination von mehreren Vokalen, die die charakteristische Sequenz ergeben, in Lautschrift oft [miau], auch [ɛau] oder [wɑːʊ]. Miauen ist neben Gurr-Miauen der häufigste Laut in der Kommunikation zwischen Katze und Mensch. Er wird benutzt, um unsere Aufmerksamkeit einzufordern, zum Beispiel wenn wir in der Küche stehen und etwas Leckeres zubereiten oder wenn auf ein Hindernis aufmerksam gemacht werden soll wie etwa geschlossene Türen oder Fenster. Wir sind als Menschen oft für diesen Laut sehr empfänglich und reagieren auf der Stelle. Kleine Kätzchen, haben sie das Baby-Alter einmal hinter sich, miauen vor allem ihre Mütter an. Erwachsene Katzen miauen überwiegend Menschen an und nur selten andere Katzen. Das Miauen erwachsener Katzen kann man durchaus als

Folge der Domestizierung verstehen und es als Übertragung des Jungkatzen-Miauens auf die Beziehung zum Menschen werten.

Gurr-Miauen

Wenn Miauen von einem Gurren eingeleitet wird, entsteht ein komplexer Laut: das Gurr-Miauen. Dieser Laut ist auch sehr typisch; weil er mit geschlossenem Maul anfängt, gehört er zur Unterkategorie des Miauens. Er klingt wie [mr̃hiau], [mhr̃ŋ-au] oder [whr̃ːau]. Typisch ist ein tiefer Ton im Gurr-Teil des Lautes, der schnell in eine hohe Tonlage gerät, wenn der Laut in ein Miauen übergeht. Gurr-Miauen hören wir oft genau dann, wenn die Katze um unsere Aufmerksamkeit buhlt, und es gehört zu den häufigsten Lauten gegenüber Menschen.

Konkrete Beispiele

Wie schon gesagt: Meine Katzen miauen nicht alle gleich viel und gleich oft. Alle fünf haben ihre ganz individuellen Miau-Variationen.

Vimsan fiept oder jammert oft leise. Erst vor Kurzem hat sie mit »richtigen« Miau-Lauten begonnen. Nachdem wir sie verletzt gefunden hatten, musste sie einen Halskragen tragen, damit sie nicht an der Wunde lecken konnte. Sie tat uns so leid, als sie leise fiepte, wobei wir nicht wussten, ob sie Schmerzen hatte oder nur den

Kragen nicht mochte. Sie fiept oder jammert auch heute noch, wenn sie Hunger hat und wenn sie unsere Aufmerksamkeit will. Wir denken, dass sie ihre positiven Erfahrungen mit dem Fiepen (wir haben ihr geholfen, als sie verletzt war) noch in Erinnerung hat und es nun einsetzt, wenn sie unser Mitleid heischt und unsere Hilfe möchte. Einmal hatte sie sich auf dem Dachboden unseres Hauses versteckt. Wir hatten das nicht bemerkt und die Tür geschlossen. Nach einigen Stunden hörten wir von oben ein leises Fiepen, das wir als das typische Vimsan-Fiepen identifizierten, konnten es aber zunächst nicht lokalisieren. Es wurde immer lauter, führte uns schließlich zu ihr, sodass wir Vimsan aus ihrer misslichen Lage befreien konnten.

Donna hingegen ist die Königin des Quiekens. Sie macht es, wenn sie spielen oder kuscheln will. Und sie verlässt sich – zu Recht – darauf, dass sie ihren Willen bekommt. Sie ist eine sehr verwöhnte Prinzessin, die ihr Gefolge bestens im Griff hat. Das Quieken ist ihre Methode. Sie kann die Signalstärke so gut variieren, dass wir – ihr Gefolge – sofort verstehen, was genau sie will und braucht.

Wenn wir unsere Katzen zum Tierarzt bringen, gibt es immer lautstarkes Gejammer in der Transportbox. Außer wenn Rocky der Passagier ist. Dieser hat so viel Angst vor der Situation, dass er sich überhaupt nicht mehr äußert. Die ungewohnte Umgebung, die fremden Geräusche und Gerüche – das mag wohl keine Katze, meine ganz bestimmt nicht. Sie jammern ohne Unterlass.

Gegen Ende wird der Ton immer flacher. Es klingt herzzerreißend traurig wie ein kindliches Klagelied, das mitten ins Elternherz trifft. Kompis leidet darüber hinaus ein wenig unter Klaustrophobie. Sein Jammern und Heulen klingt besonders verzweifelt. Außerdem kratzt und tobt er besonders heftig und versucht auf diesem Weg, seinem temporären Gefängnis zu entkommen. Als gute Katzeneltern haben wir auch für diese – notwendigen – Situationen eine Strategie parat. Wir versuchen stets, den ersten Termin des Tages beim Tierarzt zu reservieren, damit es möglich ist, ihn gleich nach der Ankunft in der Ordination aus der Box zu befreien.

Donna, Rocky und Turbo miauen oft, wenn ich in der Küche etwas Leckeres für sie vorbereite, besonders abgesehen haben sie es auf Fisch. Bemerkt die Katzenbande, dass Fisch auf dem Speisezettel steht, wird gleich noch viel mehr miaut, und zwar in sehr forderndem Ton: »Gib her!«, »Ich will auch!«, »Bitte noch ein Stück!«. Während alle drei vor allem mich anmiauen, gibt es bei Rocky eine Besonderheit. Er miaut nämlich auch seine Geschwister an, wenn er sie zum Spielen auffordert. Er läuft durch unser Haus und miaut mit steigender Melodie: »Miau, Wiau.« – »Wo seid ihr? Wollt ihr nicht mit mir spielen?« Turbo benutzt oft ein besonders langes, heiseres Miauen, wenn er meint, dass ich ihn vernachlässigt habe, und er mit mir spielen oder kuscheln will.

Der hübsche Kater Zoran unserer Freunde Peter und Marie hat schnell begriffen, dass die beste Art,

Frauchen oder Herrchen dazu zu bringen, die Kellertür zu öffnen, darin besteht, sich vor die Tür zu setzen und laut zu miauen. Das hat meist Erfolg, und er
kann in den Keller hinunterlaufen, wo es ruhig und
kühl ist.

Die Kombination von Gurren und Miauen, Gurr-
Miauen, ist häufig eine freundliche Begrüßung, kombiniert mit einer Aufforderung zum Spielen, Kuscheln
oder Leckerli-Geben. Donna ist diejenige unter unseren Katzen, die diese Lautvariante zur Perfektion gebracht hat. Wenn Quieken oder Gurren nicht hilft, vielleicht weil ich mit meinem Computer zu beschäftigt
bin, kommt sie zu mir und erklärt mir mit langem
Gurr-Miauen, dass ich jetzt bitte beenden möge, was
immer ich gerade mache (und was in ihren Augen si-
cherlich eine wenig sinnvolle Beschäftigung ist), und
mich dem widmen möge, was sie genau jetzt in diesem
Augenblick für wichtig hält. Das, was genau jetzt das
in ihren Augen Wichtigste der Welt ist, ist etwa ihr
Lieblingsspielzeug, derzeit eine Katzenangel mit bun-
ten Federn. Damit logisch verknüpft ist die Aufforderung zum Spiel. Das Spiel hat natürlich für sie Priorität
und duldet keinen Aufschub. »Komm mit und spiel
mit mir«, scheint sie zu sagen.

Auch Turbo und Rocky geben Gurr-Miau-Laute von
sich, wenn wir von der Arbeit nach Hause kommen
und sie uns begrüßen. Auch sie bedeuten uns, dass sie
jetzt gerne Fress-, Spiel- oder Kuscheleinheiten hätten,
sind aber nicht so absolut in ihrer Forderung.

Tipp: Wenn Sie jetzt unbedingt mal hören möchten, wie die bis jetzt rein theoretisch beschriebenen Katzenlaute wirklich klingen, blättern Sie rasch mal nach hinten auf die Seiten 231 ff., dort habe ich einige Verweise auf Hörbeispiele zu den verschiedenen Lauten für Sie zusammengestellt. Sie finden diese auf der Website *www.meowsic.info/katzenlaute* unter dem jeweiligen Stichwort. Da ich fast jeden Tag mehr über die verschiedenen Katzenlaute lerne, ist das Projekt immer noch in Arbeit, und die Website wird regelmäßig aufgerüstet und erweitert. Deshalb werden Sie vielleicht mehr Beispiele finden als die, die in diesem Buch beschrieben sind. Ich möchte Ihnen die große phonetische Bandbreite innerhalb der Lautkategorien aufzeigen. Ich hoffe, Sie haben Spaß daran und erkennen vielleicht auch einige Laute wieder.

Dazugehörige Körpersprache

Die Körperhaltung, die Bewegung – vom ganzen Körper oder von einzelnen Körperteilen – und die Mimik, die ein Miau begleitet, sind stets abhängig von der jeweiligen Situation. Bei Aufmerksamkeit heischenden Miaus (»Ich habe Hunger«, »Ich will raus«, »Ich will, dass du aufhörst zu arbeiten und mit mir spielst«, »Mir gefällt das nicht, ich will hier raus/rein/weg«) suchen Katzen häufig Augenkontakt mit ihrem Menschen und drücken, wenn möglich, auch mit ihrer Körpersprache aus, was sie wollen. Sie stellen sich dabei in die Nähe der Situation, in die sie wollen, oder des Gegenstands, den sie brauchen, etwa vor die Tür, wenn sie rausgelassen werden wollen, oder vor den leeren Fressnapf, wenn sie Futter wollen, und so weiter.

Zuweilen neigen sie sogar das Köpfchen und schauen ihren Menschen mit großen Augen an, als ob sie betteln würden. Es ist deshalb meist nicht schwer für den Menschen, zu verstehen, was eine Katze will. Viele streichen oder reiben den Kopf oder den ganzen Körper gegen die Beine ihrer Menschen, wenn sie miauen, um noch deutlicher jenes Verhalten zu zeigen, dass viele Menschen als Betteln verstehen.

Phonetische Einordnung (Lauttyp, Melodie)

Artikulation

Die meisten Miau-Laute werden mit öffnendem-schließendem Maul hergestellt, aber es gibt auch Varianten, die mit offenem Maul anfangen oder enden. Fiepen kann sogar manchmal mit fast oder ganz geschlossenem Maul hergestellt werden, wie ein helles und singendes »mmmm«, fast wie ein Gurren, aber ohne das Trillern. Wie die Zunge sich dabei bewegt, weiß man noch nicht so genau, weil das eben, wie bereits erwähnt, mit den derzeitigen Untersuchungsmethoden unter Berücksichtigung des Wohls der Katze nicht beobachtbar ist.

Phonetische Beschreibung und Transkription

Miau-Laute bestehen meistens aus einer Kombination von zwei bis drei stimmhaften Vokalen, aber es kann auch nur ein einziger Vokal darin vorkommen. Es handelt sich oft um die Vokale und Vokalkombinationen [i], [ɪ], [e], [ɛ], [æ], [a], [ɑ], [o], [u], [iu], [ɑːʊ], [ɛʊ], [æu], [oɑu] oder [iau]. Einige Konsonanten können sowohl am Anfang (häufiger) als auch am Ende vorkommen: [miau], [ɛaw] oder [wɑːʊ].

> *Tipp:* Die phonetischen Zeichen sind in den Tabellen auf den Seiten 244–246 genau beschrieben.

Stimme und Melodie

Miau-Laute sind stimmhaft und haben eine steigende oder fallende Melodie. Es kann sich aber auch um eine zunächst steigende, dann fallende Melodie handeln. Ein Miau kann monoton sein, kann aber auch große Tonschwingungen mit einem Frequenzumfang von 50 bis 1000 Hz aufweisen, je nach Situation und Laune der Katze.

Die sehr große Variation bei den Vokalen und in der Melodie ist wahrscheinlich situationsbedingt und hängt davon ab, wie dringend die Katze etwas will oder wie emotional die Botschaft ist. Meistens lernen Katzenhalter die verschiedenen Nuancen in den Miaus ihrer Katzen gut zu deuten. Wenn eine Katze ängstlich ist, hört sie sich anders an, als wenn sie froh oder verärgert ist. Wenn eine Katze etwas dringend möchte, benutzt sie eine andere (oft abwechslungsreichere) Melodie (»Ich will das *jetzt!*«), als wenn keine so große Dringlichkeit besteht.

Miauen tritt oft zusammen mit folgenden Lauten auf: Gurren (Gurr-Miau als freundliche Begrüßung oder Aufforderung), Miauen in zwei oder mehreren Silben (Mia-a-au, Wau-au) und Schnurren (wenn die Katze zufrieden ist). Im Folgenden widmen wir uns dem Gurren und seinen Variationen.

»Brrrrh, wie schön, dich zu sehen!«
Begrüßung, Kontaktaufnahme, Small Talk

Es gibt kaum etwas Schöneres, als von seiner Katze mit einem schmeichelnden Gurren begrüßt zu werden, wenn man nach Hause kommt. Es hört sich so freundlich und lieb an, dass man der Überzeugung ist, dass der Hausgenosse einen doch ein bisschen vermisst hat und nicht so unabhängig ist, wie der Katze im Allgemeinen nachgesagt wird.

Als unsere drei schwarz-bepelzten Geschwister noch jung waren, hatte Turbo eine schlechte Angewohnheit. Er schlich nachts zu uns ins Schlafzimmer, kletterte unter unser Bett, hakte seine Krallen in den Lattenrost, um eine ganze Weile vergnügt wie ein Affe hin- und herzuschwingen. Dabei gurrte er mit großer Hingabe und hörbarem Vergnügen vor sich hin. Natürlich hat er uns jedes Mal damit geweckt. Das Vergnügen war durchaus einseitig, und wir beschlossen, die Tür zum Schlafzimmer nachts geschlossen zu halten, obwohl wir unsere Mitbewohner eigentlich gerne um uns hatten. Aber es hatte auch sein Gutes. Auf diese Weise habe ich gelernt, Turbo an seiner gurrenden Stimme wiederzuerkennen. Selbst im Dunkeln kann ich jetzt hören, welche meiner Katzen sich gerade äußert. Mittlerweile hat Turbo seine Kletterübungen aufgegeben, und die Schlafzimmertür bleibt wieder offen.

Ihre Stimmen sind genauso unterschiedlich wie die von Menschen. Donnas Gurren ist viel heller, eher wie ein hohes, trillerndes Zungenspitzen-R. Auch Rocky und Kompis gurren mit helleren Stimmen als Turbo. Vimsan gurrt nur ganz hell, sanft und leise. Nimmt man sich die Zeit und macht sich die notwendige Mühe, wird man den individuellen Sprachklang einer jeden Katze identifizieren und zweifelsfrei erkennen können.

Beschreibung des Lautes

Gurren ist *der* freundliche Lauttyp und kommt oft zusammen mit folgenden Lauten vor: Miauen (Gurr-Miauen oft als freundliche Begrüßung oder um menschliche Aufmerksamkeit einzufordern) und Schnurren (wenn sie sich wohlfühlen und gestreichelt werden wollen).

Gurren (auch Trillern), das sind ziemlich kurze und oft weich auf der Zunge gerollte Laute. Diese Katzengeräusche hören sich fast an wie ein stimmhaftes Zungenspitzen-R (manchmal etwas rau), etwa wie »Brrrh«, »Prrriut« oder »Mmmrrrut«, obwohl es wahrscheinlich weiter hinten im Maul produziert wird.

Katzenmütter begrüßen ihre Kinder mit einem sanften Gurren, wenn sie zu ihnen ins Nest zurückkehren, und äußern einen ähnlichen Laut, ein helleres Trillern mit steigendem Tonfall, wenn sie ihre Jungen auffordern, ihnen zu folgen. Zwischen einer Katzenmutter und ihren Jungen ist das Gurren ein Begrüßungs- und Lock-Laut. Es ist kein Wunder, dass Katzen, die mit Menschen zusammenleben, Gurren und Trillern in ähnlichen Situationen (Interaktionen) mit uns einsetzen, denn ausgewachsene Katzen ahmen manchmal gegenüber ihren Menschen die Beziehung zu ihrer Mutter nach und verhalten sich so, als seien sie noch jung. Sie benutzen oft ein kurzes, leises Gurren, Murren oder Trillern als Erkennungslaut, wenn sie ihren Freunden (Menschen oder befreundeten Katzen) begegnen und sie begrüßen wollen. Sie tun es auch, um ihren Menschen freundlich um Aufmerksamkeit zu bitten oder wenn sie ihm etwas zeigen wollen und möchten, dass er ihnen dorthin folgt.

Die freundlichen, um Aufmerksamkeit bittenden Gurr- oder Triller-Laute werden oft mit steigendem Ton ausgesprochen, vielleicht weil damit eine Frage oder Bitte gemeint ist, zum Beispiel wenn um etwas zum Naschen gebeten oder der Mensch zum Spielen oder Streicheln/Kraulen aufgefordert wird. Es steckt sicher auch ein bisschen Vorfreude darin, denn die meisten Katzen wissen, dass ihr Wunsch, sobald sie die Aufmerksamkeit ihres Menschen erregt haben, meist erfüllt wird. Vielleicht hören sich Gurren und Trillern deswegen so freundlich und fröhlich an.

Tieferes Gurren, das heißt das Murren, Grunzen und Brummen, wird eher zur Begrüßung oder Bestätigung benutzt und weniger zur Erweckung von Aufmerksamkeit. Dieser Laut kann fälschlicherweise mit drohendem Knurren verwechselt werden.

Die höheren, helleren und oft im Ton ansteigenden Triller sind auffallender und recht gut zu deuten, weil sie allgemein als freundlich gelten. Nicht selten geht ein Gurren in ein Miauen über, zum Beispiel wird ein »Brrriu« zu »Brrmiau« oder »Mrrriiaauu«. Auch Schnurren und Gurren können zusammen vorkommen. Ich schließe daraus, dass Gurren der freundliche Katzenlaut par excellence ist und die Tiere froh und zufrieden sind, wenn sie diese Art von Lauten uns gegenüber äußern.

Bei vielen Katzen geht ein Aufmerksamkeit forderndes, mit geschlossenem Maul hervorgebrachtes Gurren in ein mit öffnendem Maul hervorgebrachtes Miauen über. Dieser komplexe Laut – das Gurr-Miauen – ist oft ein Zeichen von Ungeduld, wenn die Katze meint, ihr

Mensch habe endlich zu begreifen, was sie gerade dringend möchte.

Konkrete Beispiele

Meine Katzen gurren, trillern und brummen oft, und ich verstehe diese Laute als freundliche Äußerungen. Begrüßungstrillern oder -gurren hören wir besonders häufig. Mit fünf Katzen im Haus kann es manchmal zu einem regelrechten Gurr-Konzert kommen, wenn mein Mann und ich von der Arbeit nach Hause kommen: »Hallo, da seid ihr ja!«, »Schön, euch wiederzusehen; habt ihr schon gesehen, dass mein Fressnapf wieder leer ist?«.

Ein hohes/helles Trillern (oft mit steigendem Ton und manchmal direkt gefolgt von einem Miau) kann Folgendes bedeuten: »Ich will spielen«, »Ich will raus«, »Ich will gestreichelt oder gekrault werden« oder: »Ich will etwas zum Naschen.«

Auch unser großer, muskulöser Kater Kompis begrüßt mich häufig mit einem hellen, weichen Trillern, wenn er von draußen sieht, dass ich am Küchenfenster stehe. Er weiß genau, dass ich das als »Ich möchte ein Leckerli, bitte« verstehe und sofort das Fenster aufmache, um ihm etwas zum Naschen zu geben.

Ein noch höheres/helleres und noch mehr ansteigendes Trillern – oft in Kombination mit einem Miau, also ein Gurr-Miau-Laut – kann je nach Bedarf oder Laune der Katze bedeuten, dass das, was sie will, sehr dringend oder eilig ist: »Ich habe jetzt wirklich einen Riesenhunger!«, »Bitte lass mich jetzt sofort raus, oder ich pinkele auf deinen Teppich!«, »Ich will jetzt unbedingt, dass du aufhörst, mit deinem Computer zu spielen, und dich nur um mich kümmerst!«. Donna weiß genau, wie sie mich am wirkungsvollsten zum Spielen auffordert. Sie fängt mit einem leisen Trillern an und trillert mit immer mehr ansteigenden Tönen, bis ich sie auch ganz bestimmt höre. Wenn ich ihr trotzdem nicht sofort folge, beginnt sie ein Gurr-Miauen mit immer höheren, helleren Tönen. Schließlich kann ich es nicht mehr aushalten, gebe mich geschlagen und spiele mit ihr für ein paar Minuten.

Ein sanftes Trillern kommt auch bei rolligen Kätzinnen vor. Als Vimsan noch nicht kastriert war, hat sie leise gefiept und gegurrt, wenn sie rollig war.

Manches Gurren ist aber eher tief, klingt manchmal auch ein bisschen heiser oder kratzig. Turbo begrüßt oft seine Geschwister Donna und Rocky oder mich mit einem tiefen Gurren oder Murren. Ein noch tieferes Grunzen und Brummen macht Turbo manchmal nachts, wenn er zu uns ins Schafzimmer schleicht: »Ich bin ja wach, warum schlaft ihr?« Das tiefere Gurren benutzen Turbo und Rocky manchmal auch als eine Art Bestätigung, als wenn sie »Danke schön« oder »Ja, gut, dass du mich verstanden hast« sagen würden, zum Beispiel wenn ich ihnen morgens ihr Frühstück gebe.

Wenn Turbo in seinem Korb auf meinem Schreibtisch schläft und ich ihn vorsichtig mit sanftem Streicheln wecke, bekomme ich oft ein kurzes, zufriedenes Gurren als Antwort, das ich als ein Zeichen von Wohlbefinden deute: »Ja, ich bin hier, und alles ist gut.«

Donna hat ein großes Repertoire an Lauten, wenn sie kuscheln möchte. Sie stellt sich dann auf meinen Schoß und singt mit quiekenden, trillernden und schnurrenden Tönen. Für mich ist das Musik und ein außergewöhnliches Zeichen der Freundlichkeit. Dem kann ich beim besten Willen nicht widerstehen, gebe nach und kuschle mit ihr – und vergesse dabei fast meine Arbeit, die ich am Computer machen muss.

Tipp: Am Ende des Buches finden Sie einige Hörbeispiele zu den verschiedenen Gurr-Lauten (siehe Seite 234).

Dazugehörige Körpersprache

Wenn befreundete Katzen sich begegnen, begrüßen sie sich oft nicht nur mit einem Gurren, sondern auch mit einem kleinen Nasenkuss, indem sie Nase oder Stirn aneinanderlegen.

Eine andere häufige Begrüßungsgeste besteht darin, dass eine Katze der anderen sanft den Kopf in die Seite stößt und anschließend mit der Wange an der Körperseite oder dem ganzen Körper entlangstreicht. Auch die Analkontrolle, das Po-Schnuppern, gehört zu den im

Zusammenhang mit Gurren vorkommenden Begrüßungsgesten. Da wir Menschen ja bedeutend größer als unsere Katzen sind, können solche Begrüßungsgesten uns gegenüber in der Variante »an den Beinen entlangstreichen« mit der Wange, dem Körper oder dem Schwanz vorkommen. Dabei hinterlassen sie, wie bereits beschrieben, besitzanzeigende Duftsignale an unseren Hosenbeinen, Röcken oder Strümpfen, die uns quasi den olfaktorischen Stempel »Mein Mensch« aufdrücken.

Gurren und Trillern können sowohl im Stillstehen oder -sitzen als auch in Bewegung geäußert werden. Kompis sitzt oft vor dem Küchenfenster und gurrt, als ob er sagen wollte: »Ich hätte jetzt gern ein Leckerli.« Unsere Donna kann ganz glücklich gurren, während sie blitzschnell durch das Haus rennt, weil sie bemerkt hat, dass ich vom Schreibtisch aufstehe und ihr zum Spielzeugkorb folge.

Turbo kann sogar im Schlaf gurren, wenn er in seinem Korb liegt. Es scheint die Örtlichkeit zu sein, die ihn zu dieser Lautäußerung veranlasst. Diese scheint in diesem Augenblick entscheidender zu sein als die Körperhaltung oder die Bewegungen.

Ich habe meine Katzen genau beobachtet in Situationen, in denen sie gurren, um diesen Laut besser verstehen zu können. Tieferes Gurren kommt bei ihnen häufig bei Annäherung, als freundlicher Begrüßungslaut und als Bestätigung (als ob sie Dankeschön sagen würden) vor. Das höhere Trillern hingegen fungiert meist als Bitte um Aufmerksamkeit: »Bitte steh auf, und gib mir was zum Naschen.«

Phonetische Einordnung (Lauttyp, Melodie)

Artikulation

Gurren wird immer mit geschlossenem Maul produziert. Die Stimmbänder vibrieren dabei, aber wir wissen noch sehr wenig über die Position der Zunge. Weil das Maul geschlossen ist, entweicht die Luft durch die Nase; Gurren ist also ein nasaler Laut.

Phonetische Beschreibung und Transkription

Gurr-Laute sind stimmhafte, oft nasale Laute, die sich oft wie ein Zungenspitzen-R oder trillerndes hinteres Zäpfchen-R anhören. Eine Art Mischung von Fiepen und Gurren kommt auch vor: ein ausgedehntes [m:] ohne Trillern. Zu den typischen phonetischen Transkriptionen gehören [mr̃:h], [m:r̃:ut], [m̩:] und [br̃:]. Gurr-Miau-Laute sind komplexe Laute wie zum Beispiel [mhr̃iaʊw] oder [br̃:iau]. Die »Welle« über dem »r«, die sogenannte Tilde, bedeutet, dass die Luft durch die Nase und nicht durch das Maul entweicht.

Tipp: Die phonetischen Zeichen werden in den Tabellen am Ende des Buches (Seite 244–246) genau beschrieben.

Stimme und Melodie

Gurr-Laute sind recht leise, stimmhafte Laute. Das hellere Trillern hat oft eine ansteigende Melodie, das tiefere Brummen oder Grunzen ist oft eher monoton, aber es gibt auch Ausnahmen. Es kann auch eine fallende oder erst ansteigende, dann abfallende Melodie vorkommen. Die Frequenzlage liegt bei 350 Hz (beim Gurr-Miau etwas höher, um die 600 Hz), der gesamte Frequenzumfang beträgt circa 100 bis 1000 Hz.

»Knnrrr, hschsch, weg da!«
Antipathie, Ablehnung, Abschreckung

Stellen Sie sich Folgendes vor: Es ist vier Uhr morgens. Mein Mann und ich schlafen. Plötzlich höre ich ein grausames Geräusch. Es klingt fast wie ein Kleinkind, das schlimme Schmerzen hat und herzzerreißend nach seiner Mama weint. Ich werde sofort hellwach. Nach dem ersten Schreck wird klar: Es ist »nur« unser Kompis, der gerade einem Kontrahenten im Garten ganz genau erklärt, dass dieser hier nichts verloren habe und der Eindringling sich auf der Stelle verdrücken möge, ansonsten werde er etwas erleben … Jeden Frühling dasselbe Theater! Dieses Mal gibt der Eindringling nicht so schnell nach. Er zahlt mit gleicher Münze, und so geht das Knurren in die nächste Phase, ins Heulen. Beide steigen in ein ausgedehntes Knurr-Heul-Duell, bei dem kein Ende abzusehen ist. Nach einer Weile muss sich der Eindringling geschlagen geben und schleicht sich in geduckter Haltung ganz langsam wieder aus dem Garten und macht sich davon. Der Sieger hat sein Königreich behauptet, und er demonstriert das mit Hingabe, indem er sich niederlässt, beginnt, sich zu putzen und seine imaginären Wunden zu lecken.

Ich nehme an, Sie kennen solche Situationen ebenfalls. Ich habe viele ähnliche Begebenheiten in meiner Nachbarschaft beobachtet (zum Beispiel wenn ich morgens spazieren oder joggen gehe), und es ist mir auch gelungen, einige knurrende und heulende Laute mit meiner Videokamera aufzuzeichnen. Oft heulen zwei Katzengegner wie im Duett zusammen, die eine, dominante, Stimme führt die Melodie abwechselnd rauf und runter, und die andere Stimme begleitet mit schwächeren und helleren Tönen die gleiche Melodie. Nicht nur Kater zetern ihre Gegner auf diese Art an. Auch Kätzinnen können einander stundenlang anheulen und anknurren, wenn sie sich nicht mögen. Bei Katzen kommt es nur selten zu körperlichem Streit, sie scheinen durch diese langen Heulkonzerte die Situation friedlich zu entschärfen, ein Art Diplomatie, bevor es zu einer echten Auseinandersetzung kommt. Häufig (aber nicht immer) gewinnt jene Katze das Duell, die am tiefsten, stärksten und längsten heulen kann. Das hat unter anderem anatomische Gründe. Ein Tier mit einem großen Körper verfügt auch über einen großen Lautbildungsapparat mit einem großen Kehlkopf und starken Stimmbändern; große, dominante Katzen können deshalb auch die tiefsten und stärksten Töne hervorbringen. Der Verlierer duckt sich und schleicht ganz, ganz langsam im Zeitlupentempo davon. Ab und zu gibt es aber keine andere Lösung als die körperliche Auseinandersetzung. Dabei kulminiert das Heulen in schrecklichen schrillen und sehr lauten Kreisch- oder Schrei-Lauten, bei denen einem das Blut in den Adern gefriert. Zum Glück dauert diese Art der Auseinandersetzung nur kurz.

Beschreibung des Lautes

Die aggressiven, kämpferischen und defensiven Laute der Katze gehören zu verschiedenen phonetischen Kategorien und werden fast alle mit angespanntem, mehr oder weniger offenem Maul gebildet. Das Heulen bildet eine Ausnahme, da es mit öffnendem-schließendem Maul hervorgebracht wird. Zu den vielen verschiedenen Unterkategorien gehören stimmlose (Fauchen, Spucken) und stimmhafte (Knurren/Grollen, Heulen/Jaulen, Kreischen/Schreien) Laute, die sich recht unterschiedlich anhören können, obwohl sie alle in Bedrohungs-, Kampf- oder Verteidigungssituationen ertönen. Die dazugehörigen phonetischen Kategorien habe ich folgendermaßen definiert:

Knurren und Grollen

Diese Laute erkennt man leicht an ihrer typischen gutturalen und rauen Tonqualität sowie an der regelmäßigen und schnell pulsierenden Abfolge. Ein Knurren ist ein sehr tiefer, ausgedehnter Ton, der während einer langsamen und stabilen Ausatmung mit wenig geöffnetem Maul entsteht. Er klingt wie »Grrr…« oder wie ein sehr tiefer, knarrig vibrierender Vokal [ʌ̰ː] oder R-ähnlicher Laut [ɹ̰ː]. Ab und zu steht auch ein knarrendes [m̰] im Anlaut, das wie »Mrrr…« klingt. Grollen wird oft als ein noch tieferes, raueres und stärkeres (lauteres) Knurren definiert. Diese beiden Lauttypen signalisieren Gefahr, sie wirken bedrohlich, um den Gegner zu warnen oder abzuschrecken. Oft geht Knurren und Grollen in Heulen und Jaulen mit steigender und fallender Melodie in langen Sequenzen über.

Heulen und Jaulen

Ein langes vokalisches und oft wiederholtes Warn- oder Bedrohungssignal, es hört sich manchmal an wie »aoooouuuu« oder »iiiiiuuuuoooo«. Dieser Laut wird normalerweise mit sich allmählich öffnendem und dann wieder schließendem Maul gebildet. Die Melodie kann dabei wiederholt steigen und wieder fallen, sowohl kurz als auch sehr lang sein. Besonders wenn sich zwei Gegner im Gartenrevier einer der Katzen treffen, ist ein langes Heulkonzert nicht ungewöhnlich. Manchmal hört es sich fast wie Jodeln an: »Oioioioioi.« Während einer bedrohlichen Situation werden diese Laute oft mit Knurren und Grollen in langen Sequenzen kombiniert, wobei der Tonfall und die Lautstärke langsam steigen und genauso langsam wieder absinken.

Eine Variante des Heulens ist das Knurr-Heulen, bei dem Knurren immer wieder in Heulen übergeht, mit steigender (vom Knurren zum Heulen) und fallender (vom Heulen zum Knurren) Melodie. Die Konsonanten des Knurrens und die Vokale des Heulens werden in längeren Sequenzen kombiniert, zum Beispiel [gɹːawɪjaoʀː].

Fauchen

Fauchen (oder Zischen) ist ein Warn- und Abschreckungslaut, der eigentlich nicht missverstanden werden kann. Mit hochgezogener Oberlippe, sichtbaren Zähnen und mit zum Gaumen gewölbter Zunge wird dieser Laut durch einen heftigen Luftstoß abgegeben. Das Ergebnis, ein scharfes »Hschsch« oder »Fffhhh«, sagt deutlich: »Jetzt reicht es aber!«, »Komm nicht näher, oder ich greife an!« und ähnelt dem Laut einer aggressiven Schlange. Vielleicht haben alle Katzen instinktiv Angst vor Schlangen und haben sich deren Laut als Abschreckungsmittel angeeignet. Aber nicht nur aggressive und wütende Katzen fauchen, sondern auch ängstliche oder unsichere, was dann als Warn- oder Verteidigungssignal verstanden werden kann. Man kann eine Katzenmutter auch fauchen hören, wenn sie ihre Jungen darauf hinweisen möchte, etwas zu unterlassen, oder wenn sie sie vor einer Gefahr warnt.

Fauchen kann auch eine unbeabsichtigte Reaktion sein, wenn eine Katze von einem (scheinbaren) Feind überrascht wird. Die Katze ändert dann schnell ihre Position und atmet dabei stark aus. Die Luft wird durch das wenig geöffnete, enge Maul schnell rausgezwungen. Es entsteht ein Geräusch wie [f:h:] oder [ç:], das dann abrupt wieder aufhört.

Spucken

Spucken ist eine Steigerung des Fauchens: starkes Ausatmen, wobei die Luft durch das wenig geöffnete Maul schnell und sehr heftig ausgestoßen wird: »Kscht!« [kʃ:t]. Es ist ein kräftiges, intensives und böse klingendes Geräusch, das dem menschlichen Spuckgeräusch ähnelt: »Tschhh!« Manchmal schlägt die spuckende Katze dabei gleichzeitig mit ihren Vorderpfoten auf den Boden, und zuweilen spuckt sie wirklich auch etwas Speichel aus. Nicht nur domestizierte Katzen spucken, sondern auch wilde, zum Beispiel Geparden. Der Wissenschaftler Robert Eklund untersuchte die Laute dieser Wildkatzen anhand von Videos und stellte fest: Geparden spucken auch Speichel und schlagen mit ihren Pfoten auf den Boden. Als Hauskatzenhalterin staune ich über die vielen Ähnlichkeiten zwischen den großen wilden Katzen und meinen kleinen »Haustigern«.

Fauchen und Spucken können zusammen oder nacheinander in derselben aggressiven Situation vorkommen.

Kreischen

Das Kreischen (auch Abwehrkreischen oder Schreien) hört sich an wie ein kurzer heller, lautstarker und oft rauer oder heiserer Schrei. Diese Laute werden häufig vor oder während eines körperlichen Angriffes zwischen Katzen ausgestoßen, vor Wut, als allerletzte Warnung oder um den Gegner zu erschrecken und davonzujagen. Auch wenn Katzen gequält werden oder verletzt sind und große Schmerzen haben, hört man dieses Schreien. Eine Kätzin kann auch vor Schmerz schreien, wenn der Kater am Ende des Paarungsaktes seinen Penis aus der Scheide zurückzieht.

Der schrecklichste Laut, den ich je gehört habe, war der unseres Katers Vincent, als er sehr alt und krank war und seine Harnblase vom Tierarzt geleert werden musste, da er nicht mehr selbst Wasser lassen konnte. Dieser verzweifelte Schmerzenslaut bereitet mir heute noch Albträume. Das Kreischen erklingt in einem Frequenzbereich, in dem wir Menschen sehr empfindlich sind, weil unsere Babys im gleichen Bereich weinen und schreien. Deshalb werden wir auch so oft von dem Heulen und Kreischen, das kämpfende Katzen nachts im Garten erklingen lassen, geweckt.

Konkrete Beispiele

Bevor Vimsan zu uns kam, hatte ich kaum Heulen, Knurren oder Grollen von unseren Katzen gehört. Donna konnte manchmal kurz ihre Brüder anfauchen, wenn sie sich ihr zu dicht näherten, sonst waren es nur freundliche und aufmerksamkeiterregende Laute, die in unserem Haus ertönten. Aber als wir unseren schwarzen Lieblingen die neue Hausgenossin, die kleine getigerte Vimsan, vorstellen wollten, fingen alle miteinander an zu grollen, zu jaulen und zu fauchen.

Acht Tage lang folgte ich Vimsan durch unser Haus und zeichnete ihre – oft aggressiven – Interaktionen mit Donna, Rocky und Turbo auf. Rocky und Turbo gingen ihr anfangs meist aus dem Weg oder lagen auf einem Tisch oder Regal und beobachteten knurrend, wie die Neue ihr neues Zuhause untersuchte. Donna dagegen hatte überhaupt keine Lust auf eine neue Bekanntschaft und lief ihr heulend, knurrend, fauchend und spuckend nach. Glücklicherweise klangen diese aggressiven Gewohnheiten nach acht bis zehn Tagen ab, und es gab eine »Feuerpause«. Aus dieser Zeit stammen viele meiner Beispiele der kämpferischen Laute.

Vimsan zeigte eindrucksvoll, dass sie die aggressiven Laute im wahrsten Sinne des Wortes beherrschte, als Kompis als junger und unkastrierter Kater in unseren Garten kam. Kompis lief ihr nach, kletterte ihr auf unseren Apfelbaum nach und schien sehr beleidigt zu sein, dass er stets nur heulende, grollende und spuckende Antworten von ihr bekam. Manchmal kam es auch zu einem kurzen Streit, wobei Vimsan so laut und schrill kreischte, dass Kompis schließlich seine Annäherungsversuche einstellte.

Tipp: Hören Sie mal rein und lassen Sie sich beeindrucken: Am Ende des Buches finden Sie Hinweise für Hörbeispiele zum Knurren, Fauchen, Heulen und Kreischen (siehe Seite 235 ff.).

Dazugehörige Körpersprache

Ich habe oft zwei fremde Kater im Garten beobachtet, die sich in einem Gebüsch versteckt gegenüberhockten. Sie waren etwa ein bis zwei Meter voneinander entfernt, saßen einander zugewandt und beobachteten ihr Gegenüber sehr lange völlig bewegungslos. Wenn sie sich ab und zu bewegten, dann im Zeitlupentempo. Der unterlegene Kater setzte hin und wieder an, davonzulaufen, tat es aber nicht. Denn er wusste: Wenn er sich nicht so langsam wie nur irgend möglich bewegte, sondern versuchte, schnell davonzurennen, könnte man ihn als Beute ansehen. Er würde Gefahr laufen, gejagt und gefangen oder zumindest ernsthaft körperlich attackiert zu werden.

In einer solchen Situation sind die Ohren der Katzen angelegt, die Schwänze peitschen hin und her, ihr

Fell ist gesträubt. Wenn die Katzen nicht durch ihre Lautäußerungen einen Raufhandel abwenden können, dann kommt es eben zum Schlimmsten, und sie gehen aufeinander los. Während des Streites schreien und kreischen die Katzen (manchmal auch nur eine), um ihren Gegner abzuschrecken.

Die räumliche Distanz zwischen den Katzen scheint wichtig zu sein. Ebenso wichtig scheint der lückenlose Augenkontakt. Meine Erfahrungen und Studien haben gezeigt, dass je nach Abstand verschiedene Laute benutzt werden. Die folgende Grafik zeigt das.

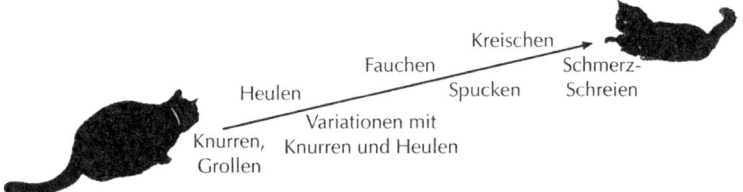

Verhältnis von Lautäußerungen und Abstand zur gegnerischen Katze

Phonetische Einordnung (Lauttyp, Melodie)

Artikulation beim Knurren/Grollen

Knurren und Grollen werden während einer langsamen und stabilen Ausatmung mit gespreizten, gespannten und etwas geöffneten Lippen und mit kleiner Maulöffnung erzeugt. Die Stimmbänder vibrieren langsam, ein pulsierendes Geräusch ist das Ergebnis.

Phonetische Beschreibung und Transkription von Knurren/Grollen

Knurren ist wie ein sehr tiefer, ausgedehnter stimmhafter Vibrant: Er kommt vor als [gʀː], mit vokalischem [ʀː] oder als ein sehr tiefer, knarrig vibrierender Vokal [ʌ̰ː] oder R-ähnlicher Laut [ɹ̰ː]. Manchmal fängt er mit einem knarrenden [m̰] an wie »Mrrr…«. Grollen wird oft als ein noch tieferes, raueres und lauteres Knurren beschrieben.

Stimme und Melodie beim Knurren/Grollen

Knurren ist ein stimmhafter Laut, hat aber oft auch eine raue, tiefe, knarrende oder vibrierende (zitternde) Stimmqualität. Grollen ist noch tiefer und rauer, es ist neben Schnurren der tiefste Laut des Katzenlautrepertoires. Die Melodie hat eine Grundfrequenz von etwa 70 bis 100 Hz, aber auch Falsettknurren mit 200 Hz kommt vor. Oft wechseln sich Knurren und Grollen mit Heulen ab, oder ein Knurren geht mehrmals in einen kehligen Gesang – ein Heulen – über, mit steigender und fallender Melodie in langen Sequenzen.

Artikulation beim Heulen

Heulen oder Jaulen ist ein ausgedehnter vokalischer Laut, der normalerweise mit sich allmählich öffnendem und wieder schließendem Maul erzeugt wird. Wenn zwei Gegner sich treffen, heulen sie oft im Duett, der eine scheint der Melodie des anderen zu folgen. Besonders wenn sie sich im Gartenrevier einer der Katzen treffen, ist ein langes Heulkonzert nicht ungewöhnlich. Manchmal hört es sich fast wie Jodeln an: »Oioioioioi.« Während einer bedrohlichen Situation werden diese Laute oft mit Knurren und Grollen in langen Sequenzen kombiniert, wobei der Tonfall (die Melodie) und die Lautstärke langsam steigen und genauso langsam wieder absinken.

Phonetische Beschreibung und Transkription von Heulen

Heulen besteht oft aus Kombinationen von Vokalen und Halbvokalen wie [ɪ], [ɨ], [j] oder [ʁ]. Auch Diphthonge (Doppelvokale) wie [aʊ], [ɛʊ], [ɑʊ], [ɔɪ] oder [ɑɔ] sind sehr häufig. Das ergibt dann zum Beispiel [awɔɪɛʊː], [jɪɪɛɑʊw] oder [ɪːaʊaʊaʊaʊawawaw].

Häufig wechseln sich Heulen, Knurren und Grollen in langen Sequenzen ab. Dabei gehen Tonfall (die Melodie) und Lautstärke langsam und wiederholt auf und ab. Heulen liegt im gleichen Frequenzbereich wie das Weinen von Menschenbabys, weshalb erwachsene Menschen sehr sensibel darauf reagieren.

Stimme und Melodie beim Heulen

Heulen ist stimmhaft und kann sehr lautstark ausfallen, wobei die Lautstärke zwischen leiser und lauter schwankt. Der Ton steigt und fällt in wiederholten, aber oft unregelmäßigen Mustern und kann von unterschiedlicher Dauer sein, ist aber häufig ziemlich lang. Die Melodie (Grundfrequenz) geht also auf und ab, bewegt sich ungefähr zwischen 100 und 900 Hz. Manchmal ist ein Heulen kürzer als eine Sekunde, aber auch sehr langes Heulen (etwa zehn Sekunden) ist nicht ungewöhnlich.

Artikulation beim Fauchen/Spucken

Fauchen wird durch eine Engstelle im Maul gebildet, die mit der ausströmenden Luft ein Rauschen oder einen Reibelaut hervorbringt. Die Lage der Engstelle entscheidet, ob dieser Laut entweder ziemlich dunkel oder dumpf ist und einem kräftigen H ähnelt (Engstelle hinten im Maul) oder einem hellen Zischlaut, zum Beispiel einem »Sch« [ʃː] / [ʂː] wie in Schule oder einem »Ich-Laut« [çː] wie in Bücher (Engstelle weiter vorne im Maul). Spucken ist mehr explosiv und kann einen kleinen Stoß, [kː] oder [tː], im Anlaut haben, wie [t͡ʂː] oder [k͡ʃː].

Phonetische Beschreibung und Transkription von Fauchen/Spucken

Fauchen ist keine Kombination von Vokalen und/oder Konsonanten, sondern besteht oft nur aus einem stimmlosen Laut. Das ist oft entweder ein dunkler, hinterer Reibelaut wie [hː] oder ein heller, vorderer Zischlaut wie [çː], [ʃː] oder [ʂː]. Eher selten kann Fauchen mit einem F-ähnlichen Laut anfangen: [fːhː]. Spucken ist explosiver und heftiger und kann auch mit einem kurzen Verschlusslaut (Plosiv) wie [kː] oder [tː] (im Anlaut) beginnen, der dann aber schnell abgelöst wird von einem fauchenden Rauschen oder Reibelaut wie bei [t͡sː] in Katze.

Es ist ein typischer Warnlaut, auch wir Menschen können diesen Laut gegenüber unseren Katzen benutzen, um sie zu warnen oder ein unerwünschtes Benehmen zu verhindern.

> *Tipp:* Die phonetischen Zeichen werden in den Tabellen am Ende des Buches (Seite 244–246) genau beschrieben.

Stimme und Melodie beim Fauchen/Spucken

Fauchen und Spucken sind stimmlose Laute, haben also keine Melodie.

Artikulation beim Kreischen/Schreien

Kreischen wird mit weit geöffnetem Maul hergestellt und klingt wie ein kurzer heller, lautstarker und oft rauer oder heiserer Schrei. Genau wie Heulen liegt das Kreischen in dem Frequenzbereich, auf den wir Menschen besonders heftig reagieren, weil Babys im gleichen Bereich weinen und schreien.

Phonetische Beschreibung und Transkription von Kreischen/Schreien

Kreischen besteht normalerweise aus kurzen Vokallauten (Konsonanten kommen, soweit ich weiß, nur sehr selten vor), oft [a] oder [æ], aber auch Diphthonge wie zum Beispiel [aʊ] oder [ɛʊ] können im Kreischen vorkommen. Wenn es überhaupt einen Unterschied zwi-

schen Kreischen und Schreien gibt, liegt der wahrscheinlich in der Länge des Lautes. Katzen stoßen bei starken
Schmerzen oft längere Schreie aus, während sie zur Ab-
wehr »nur« kurz kreischen.

Stimme und Melodie beim Kreischen/Schreien

Kreischen ist ein kurzer lauter, stimmhafter, aber oft heiserer und rauer Laut. Die Melodie ist oft monoton (ungefähr zwischen 301 und 521 Hz), zum Teil am Ende
leicht fallend.

»Mimiaaaauuu, ich will dich!«
Singen, Liebeswerben, Verführen

Liebessehnsucht in Form körperlichen Verlangens ist auch für Katzen belastend. Einmal rieb Vimsan sich gegen meine Beine, schaute mich unglücklich und bettelnd an, rollte dann auf meinen Füßen hin und her, gurrte und miaute ein paarmal und schaute sehnsüchtig aus dem Fenster. Ich sagte: »Nein, Süße, ich lass dich nicht raus. Du bist noch nicht kastriert, und wir wollen keine Katzenbabys.« Die ganze Nacht »sang« Vimsan. Sie kombinierte lautes Miauen mit eher jammernden Singtönen und weichem Gurren. Ich dachte: So ein Glück, dass wir schon nächste Woche einen Termin beim Tierarzt haben!

Inzwischen ist Vimsan kastriert und macht diese Geräusche nicht mehr. Aber wie schade, dass ich vergessen habe, ihr lautes, sehnsuchtsvolles Miauen – ihren Katzengesang – mit meiner Videokamera aufzuzeichnen!

Was ist eigentlich Katzengesang? Singen nur Kätzinnen, oder tun Kater es auch? Bisher habe ich keine Beweise dafür gefunden, dass es einen ganz bestimmten Lauttyp gibt, den Katzen nur dann verwenden, wenn sie einen Sexualpartner anlocken wollen. Die meisten kennen doch die typischen Merkmale dieser Laute, die Frühling für Frühling draußen im Garten erschallen. Sie können sehr laut werden und lange anhalten. Aber wenn man sich genauer damit beschäftigt, wird man feststellen, dass der Ruf der Verführung und der Laut der Abschreckung sehr ähnlich klingen können.

Vielleicht ist es eher ein lautes, melodisches und lang anhaltendes Miauen, wenn es um Liebe geht, und ein jammerndes Heulen, wenn es um Revierverteidigung oder die Vertreibung eines Kontrahenten geht. Weitere Studien werden hier Klarheit schaffen.

Mit Sicherheit lässt sich behaupten, dass es oft die rolligen Kätzinnen sind, die einen künftigen Sexualpartner mit jammerndem Singen anzulocken versuchen. Unkastrierte Kater werden nicht rollig, sondern reagieren auf die Düfte der rolligen Kätzinnen.

Beschreibung des Lautes

Katzengesang ist eine lange klagende Sequenz aus Miau-, Gurr-Miau- und / oder Heul-Lauten, die mit öffnendem-schließendem Maul hervorgebracht werden. Es gibt eine große Variation, manche Laute sind kurz, andere länger. Gemeinsam haben sie, dass sie sich über lange Zeit, sogar über Stunden wiederholen. Viele behaupten, es klingt fast wie Kindergeschrei oder wie ein kleines Kind, das nach seiner Mama wimmert. Vielleicht reagieren wir Menschen deswegen so stark darauf, wenn wir diesen Laut hören. Wir schrecken sofort auf und denken, wir müssen unserem Liebling helfen, denn es hört sich ja so erbärmlich an!

Aber das sexuelle Verlangen kann auch durch andere Laute signalisiert werden. Rollige Kätzinnen können gurren, schnurren und leise, weiche Miaus aussenden, wenn sie sich an uns schmiegen, Köpfchen geben oder ihren Hintern hochheben und zu uns drehen. Eine weitere Variante ist das laute, jammernde »Singen«, das Stunden oder Tage dauern kann. Nachts scheint das Bedürfnis zu singen besonders groß zu sein, viele Menschen werden im Frühling morgens von im Haus oder draußen im Garten singenden Katzen geweckt.

Kater werden wie gesagt nicht rollig, sondern reagieren lediglich auf die starken Duft- und Lautsignale
der rolligen Kätzin. Sie setzen sich auf ihre Spur und
können dann auch mit Miau-Lauten und ähnlichen
Tönen »singen«. Außerdem gehören häufig kämpferische Laute wie Heulen, Knurren und Kreischen dazu,
denn auch andere Kater werden angelockt, und die
Rivalen müssen es untereinander ausfechten, wer sich
mit der Kätzin paaren darf. Deshalb kann es oft schwer
sein, zu unterscheiden, ob es sich um »echten« Katzengesang handelt oder um Verteidigungs- und Angriffs-
laute. Auch kastrierte Kater (besonders Kater, die schon
älter waren, als sie kastriert worden sind) können
auf die Signale der Kätzinnen reagieren und »singen«,
um zu signalisieren: »Ich habe dich gehört, und ich
bin hier und bereit für dich.« Wenn ein Kater mit seinem Singen Revierfragen klärt, klingt es oft mehr nach
Heulen.

Katzengesang ist ein Lockruf, und der Frequenzcode,
also die bestimmte Höhe beziehungsweise Tiefe des
Lautes, deutet an, dass er freundlich und auffordernd
gemeint ist, denn die Melodie steigt oft am Ende an
(siehe auch Kapitel »Weitere phonetische Merkmale:
Prosodie«, Seite 149). Da der Frequenzcode universal ist,
also für alle Säugetiere gilt, machen wir Menschen oft
das Gleiche: Wenn wir freundliche Fragen stellen, steigt
unsere Sprechmelodie auch.

Konkrete Beispiele

In unserer Familie haben wir bisher nur die Liebeslaute von Vimsan gehört. Weil Donna eine von drei Katzen aus demselben Wurf ist und weder wir noch der Tierarzt riskieren wollten, dass sie von ihren Brüdern trächtig wird, wurden die Drillinge noch vor Donnas erster Rolligkeit (als wir merkten, dass Rocky und Turbo ihren Po immer häufiger beschnupperten) im Alter von sechs, sieben Monaten kastriert.

Als Vimsan zu uns kam, wussten wir nicht, wie alt sie ist. Sie war außerdem schwer verletzt. Wir haben beschlossen, eine Rolligkeit erst mal abzuwarten (sie musste während dieser Zeit natürlich sehr zu ihrem Missvergnügen im Haus bleiben) und erst danach einen Termin in der Tierklinik anzusetzen. Deshalb stammen meine bisherigen Beispiele von weiblichem Katzensingen nur von Vimsan. Eine Woche lang habe ich ihr Gurren und weiches Miauen aufgenommen und auch alle Zeichen der Rolligkeit wie Anschmiegen, Ausbrechversuche, Fußbodenrollen und Ähnliches an ihr beobachtet. Leider habe ich keine Aufnahmen von ihren lauten nächtlichen »Konzerten«, aber dafür habe ich von anderen Websites ähnliche Hörbeispiele »geliehen« (auf der Website zu finden in der Lautkategorie »Katzengesang« unter den Stichworten »Kätzin singt 1« beziehungsweise »Kätzin singt 2«).

Der hübsche Kater Rot schien immer auf der Pirsch nach Kätzinnen zu sein. Ein paarmal habe ich seine

Wanderungen durch unseren Garten gefilmt und auch einige schöne Töne aufgenommen, als er unseren Zaun und unsere Gartenpflanzen bespritzte. Viele seiner Laute sind dem »Miau« sehr ähnlich, manchmal äußert er auch Gurr-Miaus.

Als unser großer Kompis zu uns kam, war er noch jung, dünn – und unkastriert. Da er sich bei einem Streit mit einem Kater große Wunden auf den Wangen einhandelte, die außerdem noch eine allergische Reaktion auslösten, mussten wir die Wunden zunächst mit Antibiotika, Kortison und täglichem Wundenwaschen behandeln. Erst als die Infektion richtig ausgeheilt war, war es ärztlich angeraten, ihn zu kastrieren. Es war kein schönes Bild: Der junge, verletzte Kater spaziert in unserem Garten auf und ab und singt unsere Kätzinnen an. Aber was für eine Stimme! Seine Wunden waren ihm egal. Er schien fest entschlossen, eines unserer Weibchen (oder beide) mit stundenlangen »Katzenkonzerten« zu betören. Sehnsuchtsvolles Trillern ging in erwartungsvolle Gurr-Miaus und klagendes Miauen über, immer wenn er Donna oder Vimsan im Garten entdeckte. Der Arme wusste nicht, dass beide schon kastriert waren. War das gewünschte Ergebnis auch dergestalt vereitelt, das Verlangen blieb.

Tipp: Am Ende des Buches finden Sie Hinweise zu einigen Hörbeispielen auf der Website für den wunderschönen Gesang der liebestollen Katzen (siehe Seite 237 f.).

Dazugehörige Körpersprache

Wir können eine rollige Kätzin leicht an ihrer Körpersprache und ihren Lautäußerungen erkennen. Ihr natürlicher Instinkt drängt sie. Sie will sich paaren und lässt das ihre Umgebung unmissverständlich wissen, und zwar indem sie:

- andauernd unsere Aufmerksamkeit sucht, sich an Möbeln, anderen Gegenständen oder Haustieren oder an ihrem Menschen, insbesondere an dessen Füßen reibt
- auf- und abschreitet und sich häufig auf dem Fußboden rollt
- sich in Paarungsstellung hinhockt (zum Beispiel wenn sie von ihren Menschen gestreichelt wird), das Hinterteil hebt, ihren Schwanz nach oben reckt und unruhig auf der Stelle tritt.

Manche Kätzinnen markieren auch Wände und Türen mit Vaginalsekret und stechend riechendem östrogenhaltigen Harn, um mit ihrem Duft den Kater anzulocken. Sie lecken auch oft ihre Genitalien, die während der Rolligkeit in der Regel geschwollen sind. Kätzinnen, die nur im Haus leben, werden versuchen zu entwischen und – wenn der Ausbruch nicht gelingt – frustriert an Fensterbänken oder Gardinen kratzen.

Unkastrierte Kater, die diese Signale erkennen, werden dann meist unruhig und antworten mit häufigem

Urinieren und aggressivem, revierschützendem Benehmen. Zudem versuchen sie, die rollige Kätzin aufzuspü-
ren. Sie wandern ruhelos durch die Gegend, bespritzen
jeden Busch und jeden Zaun (und auch das eine oder andere Auto), miauen oder singen unentwegt. Sie sind oft
nicht die Einzigen, die die Signale der rolligen Kätzin bemerkt haben. Die Konkurrenz schläft nicht. Rivalitäten,
Streit, Geschrei und Geheule sind vorprogrammiert. Der
Sieger erringt die Prinzessin und das gesamte Revier.

Phonetische Einordnung (Lauttyp, Melodie)

Katzengesang hat sehr viel mit Miauen und Heulen gemeinsam. Auch hier zeigen sich typische phonetische
Merkmale.

Artikulation

Katzengesang ertönt – genau wie Miauen und Heulen –
durch das sich immer wieder öffnende-schließende
Maul. Manchmal wechseln sich die wiederholten Miaus
mit langem Gurren (mit geschlossenem Maul) ab. Die
Artikulation des Katzengesangs ist etwas langsamer als
Miauen und Heulen, mit ausgedehntem Trillern und
langen Vokallauten.

Phonetische Beschreibung und Transkription

Katzengesang besteht hauptsächlich aus langen, beton-
ten Vokallauten wie [aː], [uː], [a͡ʊ], [ɔ͡a͡ʊ], [ɪːa͡ʊː], denen

oft ein [w] oder ein nasaler trillernder Konsonant wie [r̃ː] oder [r̃ː] vorangestellt wird: [wãːuw] oder [r̃ːɪãʊ̃ː]. Besonders Gurr-Miau-Laute dauern häufig lange an, zum Beispiel [mhr̃ːwaːoːuːɪː] oder [r̃ːwːuːaːu].

> *Tipp:* Die phonetischen Zeichen werden in den Tabellen am Ende des Buches (Seite 244–246) genau beschrieben.

Stimme und Melodie

Katzengesang ist stimmhaft und wird sehr eindringlich mit einer lauten Stimme in langen Sequenzen hervorgebracht. Die Melodie ist unterschiedlich, aber steigt oft am Ende der Äußerung an. Aber auch leises, weiches Trillern, Fiepen und Gurren kommen bei rolligen Kätzinnen vor. Katzengesang kann in der Nacht über mehrere Stunden ertönen.

»Hrrrhrrr, bei dir geht's mir gut.«
Glück und Zufriedenheit

Gibt es einen beruhigenderen Laut als den einer schnurrenden Katze? Wohl kaum. Gegen Traurigkeit hilft kaum etwas so gut, wie eine schnurrende Katze auf dem Schoß zu streicheln. Das entspannt den Menschen, macht glücklich und ruhig.

Ich erinnere mich bei jeder meiner Katzen an ihr erstes Schnurren: Fox, der mit einem lauten Schnurren sein neues Zuhause untersuchte, oder Vincent, der nachts zu mir ins Gästezimmer und auf mein Bett kam und stundenlang schnurrte, als er noch bei seinem ehemaligen Menschen lebte und ich zu Besuch kam. Dass Katzen sehr unterschiedliche Persönlichkeiten haben, entdeckte ich, als unsere Drillinge zu uns kamen. Die kleine, aber sehr mutige Donna kam schon am ersten Tag auf meinen Schoß und schnurrte laut und selbstbewusst.

Turbo wartete ab, wie die Schwester sich verhalten würde. Als er sah, dass nichts Schlimmes geschah, fasste er sich ein Herz und kam ebenfalls zu mir. Auch er wurde gestreichelt – bis er anfing zu schnurren.

Rocky dagegen war (und ist immer noch) sehr ängstlich und schüchtern. Die erste Woche in seinem neuen Zuhause verbrachte er in einem Stofftunnel, den wir als Spielzeug für die Jungkatzen besorgt hatten. Nur wenn er Hunger hatte oder aufs Katzenklo musste, wagte er sich raus aus seinem Tunnel. Nach ein paar Wochen war er mit uns Menschen befreundet und in unserem Haus daheim. Er mauserte sich zu unserem Schmusekater Nummer eins. Er schnurrt öfter und lauter als alle anderen, und manchmal, wenn ich in ein Zimmer komme, wo er gerade auf einer Decke liegt, höre ich schon, bevor ich reingehe, wie er ohne eigentlichen Grund vor sich hin schnurrt.

Tatsächlich schnurren Katzen auch, wenn sie allein sind. Die verletzte Vimsan schnurrte schon, als ich sie das erste Mal streichelte; und obwohl ihr Schnurren immer sehr leise ist, höre ich , wenn sie auf meinem Schoß liegt, oft einen leichten summenden und fast knarrenden Laut – aber wenn man das Ohr an ihren Körper legt, hört man, dass sie schnurrt. Kompis schnurrte das erste Mal, als ich ihm sein Futter servierte (vermutlich hatte er wirklich einen Riesenhunger, und es war ihm schlicht egal, dass er diese fremde Frau, die ihm das Futter brachte, noch nie gesehen hatte!). Auch jetzt schnurrt er noch laut und oft, besonders wenn ich ihn zum Frühstück aus dem Garten reinhole und wenn er auf seinem Lieblingshocker oder auf dem Schoß meines Mannes liegt und gestreichelt wird.

Die erste Aufnahme von Katzenlauten, die ich je gemacht und mit phonetischen Methoden untersucht habe, stammt von unserem alten Kater Vincent; in dem Video liegt er auf seiner Decke auf der Couch und schnurrt. Deshalb habe ich wohl eine besondere Beziehung zu Schnurrlauten.

Beschreibung des Lautes

Schnurren ist ein sehr tiefer (oft in einem Frequenzbereich zwischen 20 und 30 Hz), lang anhaltender, verhältnismäßig leiser, ziemlich regelmäßiger summender Laut, den die Katze während des oft minutenlangen wechselnden Ein- und Ausatmens produziert. Die meisten Menschen kennen diesen für Katzen so typischen Laut sehr gut und wissen, dass er ein Zeichen für Zufriedenheit ist. Katzen schnurren aber nicht nur, wenn sie sich wohlfühlen oder zufrieden sind, sondern auch, wenn sie Hunger haben, gestresst sind, Angst oder starke Schmerzen haben und sogar wenn sie im Sterben liegen. Kätzinnen schnurren auch während der Geburt. Wahrscheinlich bedeutet Schnurren nicht: »Mir geht es gut«, sondern eher: »Ich bin keine Bedrohung« oder: »Bleib bei dem, was du da gerade machst.« Das macht durchaus Sinn.

Studien lassen die Schlussfolgerung zu, dass das kätzische Schnurren eine gewisse Heilkraft für Menschen entfalten kann. Man schreibt ihm einen blutdrucksenkenden sowie einen antidepressiven Effekt zu. Aber zunächst tut das Schnurren der Katze selbst gut. Es scheint Endorphine freizusetzen, die der Katze helfen, sich zu beruhigen. Außerdem hat man herausgefunden, dass die tiefe Frequenz des Schnurrens der Schmerzlinderung sowie dem Muskel- und Knochenwachstum dient. Sogar die Heilung organischer Beschwerden kann stimuliert oder gefördert werden. Vielleicht ist Schnurren ein meditativer Laut, den Katzen einsetzen können, wenn sie sich entspannen oder Artgenossen beschwichtigen wollen.

Neugeborene Katzen sind blind und taub, aber sie sind in der Lage, die Vibrationen des mütterlichen Schnurrens wahrzunehmen. Auf diese Weise finden sie die lebensnotwendige Milchquelle. Katzenmütter und ihre Jungen kommunizieren vielleicht mit Schnurren, weil es ein sehr leises Geräusch ist, das nicht so leicht für Raubtiere auszumachen ist.

Jungkatzen schnurren oft, wenn sie ausgewachsenen Katzen begegnen, um zu signalisieren, dass sie ihre untergeordnete soziale Stellung akzeptieren und nur friedliche Absichten haben. Oft antworten die älteren Katzen dann mit Schnurren, um deutlich zu machen, dass die Jüngeren von ihnen nichts zu befürchten haben.

Auch viele wilde Katzen schnurren, eine der vielleicht berühmtesten schnurrenden Wildkatzen ist der schöne Gepard Caine, dessen Lautäußerungen von Dr. Robert Eklund in Südafrika aufgezeichnet worden sind (ein Beispiel ist auf der Website zu finden in der Lautkategorie »Schnurren« unter dem Stichwort »Der schnurrende Gepard Caine«). Obwohl Geparden und Hauskatzen sich in der Körpergröße sehr voneinander unterscheiden, schnurren sie recht ähnlich. Die Frequenz liegt oft zwischen 18 und 25 Hz (also sehr tief), und die Einatmungsphase ist ungefähr genauso lang wie die Ausatmungsphase.

Die Forschung hat festgestellt, dass jede Katzenart entweder schnurren oder brüllen, aber nie beide Laute hervorbringen kann. Dass Löwen, Tiger, Jaguare und Leoparden brüllen und nicht schnurren, hat wahrscheinlich damit zu tun, dass ihre Kehlkopf-Anatomie sich von der schnurrender Katzenarten unterscheidet. Genauer gesagt ist der Grad der Verknöcherung im Zungenbein unterhalb der Zunge eine der plausibelsten Erklärungen dafür, dass manche Katzen schnurren, andere brüllen. Brüllende Katzen haben ein unvollständig verknöchertes Zungenbein, was ihnen erlaubt zu brüllen, aber nicht zu schnurren. Alle anderen Katzenarten haben ein vollständig verknöchertes Zungenbein, was Schnurren, aber kein Brüllen ermöglicht.

Eine Ausnahme ist der Schneeleopard, der trotz seines unvollständig verknöcherten Zungenbeins scheinbar doch schnurren kann.

Manche Katzen schnurren ein wenig lauter, wenn sie einatmen, andere beim Ausatmen. Erwachsene Katzen scheinen am meisten zu schnurren, wenn sie gefüttert oder gestreichelt werden. Manche schnurren auch, wenn sie alleine auf ihrem Lieblingsplatz liegen, wie unser Rocky, der oft stundenlang leise vor sich hin schnurren kann, wenn er in seinem Korb auf meinem Schreibtisch liegt. Andere Katzen fangen an zu schnurren, wenn sie irgendwo hinkommen, wo es ihnen gefällt und sie sich wohlfühlen. So ging es meinem schwarz-weißen Fox, der schon das erste Mal, als er in meine Wohnung kam, schnurrend umherspazierte und sich mit mir und allen Sachen in meiner Wohnung anfreundete. Viele Katzen schnurren oft, andere überhaupt nicht.

Wenn Ihre Katze nicht schnurrt, könnte es sein, dass sie zu früh von ihrer Mutter getrennt wurde und nie gelernt hat, diesen Laut hervorzubringen. Möglich ist auch, dass sie nur ganz leise – für uns Menschen kaum hörbar – schnurrt.

Tipp: Wenn Sie Ihre Katze zum Schnurren bringen wollen, können Sie so vorgehen: Legen Sie sie neben Ihren Kopf auf Ihr Kopfkissen und streicheln Sie sie. Auch wenn das Schnurren sehr leise ist, kann man die Vibrationen durch das Kissen verstärkt hören beziehungsweise fühlen. Der Kehlkopf, oft auch der ganze Körper, vibriert, wenn eine Katze schnurrt.

Jeder, der sich in der Nähe einer schnurrenden Katze befindet, kann hören, dass der Laut vorne am Maul am lautesten ist. Das deutet darauf hin, dass er im Kehlkopf produziert wird, genauer gesagt mit dem Vokalismuskel in den Stimmbändern, der durch schnelles Zucken oder Zusammenziehen die Vibrationen herstellt. Dr. Robert Eklund, mit dem ich das Forschungsprojekt »Melodie in Mensch-Katzen-Kommunikation« realisiere, hat die Anatomie des Kehlkopfs bei vielen Katzenarten (auch Wildkatzen) untersucht, aber auch er kann nur spekulieren bei der Beantwortung der Frage: »Wie schnurren Katzen eigentlich?«

Eine Möglichkeit, die Artikulation von schnurrenden Katzen mit phonetischen Methoden zu untersuchen, wäre, mit Ultraschall oder Magnetkamera eine Aufnahme vom Kehlkopf zu machen, um zu sehen, welche Organe vibrieren und wie sich die Stimmbänder (Stimmlippen) bewegen. Aber wie bringt man eine Katze zum Schnurren, wenn sie in einem fremden Zimmer mit fremden Leuten in einem sehr lauten, furchterregenden

Gerät festgebunden und in eine Röhre geschoben wird oder wenn ein fremder Tierarzt eine harte Ultraschallsonde fest gegen den zuvor rasierten und mit Gel beschmierten Hals drückt? Sie wird dann wohl kaum in der Stimmung dazu sein.

Nicht alle Schnurrlaute hören sich gleich an. Auch ein und dieselbe Katze kann sehr viele verschiedene Varianten von Schnurren produzieren, je nach Gefühlslage, Laune oder Situation. Eine Studie aus England stellte fest, dass Katzen ein besonderes »Aufforderungsschnurren« entwickelt haben, das sie benutzen, wenn sie von uns Menschen Aufmerksamkeit oder etwas zu fressen einfordern (McComb, Taylor, Wilson & Charlton, 2009).

Katzen können ihr Schnurren auch mit anderen Lauten kombinieren. Eine fröhliche und hungrige Katze kann – wahrscheinlich in Vorfreude auf das Leckerli, das sie gleich bekommt – abwechselnd miauen, gurren und schnurren. Viele Katzen gurren und schnurren, wenn sie mit ihren Menschen kuscheln wollen. Auch im Schlaf können sie Schnarchen mit Schnurren kombinieren.

Konkrete Beispiele

Der Superschnurrer Rocky hat ein sehr beruhigendes Schnurren, das er mit langen Ein- und Ausatemzügen produziert. Donna schurrt meist ein bisschen schneller, besonders wenn sie sich auf etwas freut, wie ein Leckerli, oder wenn sie unter meine Strickjacke kriechen darf, während ich am Schreibtisch sitze. Turbo schnurrt auch oft, wenn er sich auf etwas freut. Er kombiniert gerne Miauen und Gurren mit Schnurren, und manchmal kann sich das sonst eher beruhigend klingende Schnurren sogar in einen sehr aufgeregten Laut verwandeln.

Kompis schnurrt auch gerne, sein Schnurren fällt oft sehr tief und laut aus. Er schnurrt am meisten, wenn wir ihm Futter geben, ihn streicheln oder wenn er auf seinem Lieblingsplatz – dem Hocker mit der weichen Decke in der Diele – liegt.

Als ich einen Bericht über eine englische Studie mit dem Titel *The cry embedded within the purr* las, war ich von der dargelegten These über diese Art Schrei oder Ruf nicht überzeugt. Können wirklich alle Katzen solch einen Laut produzieren? Ich hatte ihn niemals bei meinen Katzen wahrgenommen. Ich fing aber an, mit meinen »phonetischen Ohren« alle Schnurrlaute genau zu überprüfen, und obwohl ich noch keinen »Ruf« beziehungsweise »Schrei« in einem Schnurren habe ausmachen können, stellte ich doch fest, dass es viele Varianten gibt und dass meine Katzen ihr Schnurren mit anderen Lauten »aufpeppen« können. Donna kann ein Gurr-Schnurren oder Quiek-Schnurren hervorbringen, was wirklich die niedlichsten Katzenlaute sind, die ich je gehört habe. Sie erklingen, wenn Donna nicht schnell genug unter meinen Schal oder in meine Strickjacke kriechen darf. Sie tretelt auf meinem Schoß herum und schnurrt, gurrt und quiekt immer schneller, bis sich die Laute total miteinander vermischen. Unwiderstehlich süß hört sich das an!

Turbo kann ab und zu im Schlaf schnurren. Da er oft auch schnarcht, kann es zu einem Mischlaut zwischen Schnarchen und Schnurren kommen. Auch sehr niedlich! Haben Sie auch schon ungewöhnliche Kombinationen oder Mischungen von Schurren und anderen Lauten bei Ihrer Katze gehört?

Tipp: Am Ende des Buches finden Sie einige Hinweise zu der Website mit Hörbeispielen von schnurrenden Katzen, vielleicht entdecken Sie dabei ja Gemeinsamkeiten mit Schnurrvariationen Ihrer Lieblinge (siehe Seite 239).

Dazugehörige Körpersprache

Weil das Schnurren meist ein Zeichen von Wohlbefinden ist, haben die meisten Menschen das Bild einer gemütlich auf dem Schoß ihres Frauchens oder Herrchens liegenden Katze vor Augen. Tatsächlich ist es auch die typische Schnurrsituation, wenn unser bepelzter Mitbewohner bequem auf seinem Lieblingsplatz – das kann auf dem Schoß seines Menschen, in seinem Korb oder vielleicht auf einer weichen Decke sein – liegt. Es kann sein, dass er, bevor er sich hinlegt, drehende Bewegungen, oft auch mit Treteln mit den Vorderpfoten verbunden, macht. Junge Katzen schurren, während sie an den Zitzen ihrer Mutter kneten, um den Milchfluss zu fördern. Viele Katzen können auch im Sitzen, Stehen oder Gehen schnurren. Augenkontakt mit ihren Menschen und nach vorne gerichtete Ohren gehören oft dazu. Der Schwanz ist meist angehoben, und die Schwanzspitze kann wie ein Fragezeichen gebogen sein. Das bedeutet Zuneigung und Zärtlichkeit. Noch intimer ist es, wenn eine Katze beim Schnurren mit ihren Augen blinzelt oder diese ganz schließt. Wenn Ihre Katze Sie so anblinzelt, heißt das: »Ich vertraue dir aus tiefster Seele.«

Phonetische Einordnung (Lauttyp, Melodie)

Artikulation

Schnurren wird meistens mit geschlossenem Maul hervorgebracht und entsteht, wenn die Ein- und Ausatmungsluft die Stimmbänder in Vibration setzt. Die Luft entweicht also durch die Nase, und Schnurren kann daher als nasaler Laut klassifiziert werden. Doch ist es wahrscheinlich meist ein stimmloser Laut. Schnurren hat keine deutliche Melodie, wenn es nicht mit Gurren oder Miauen gemischt ist. Typisch ist auch, dass Schnurren oft ziemlich leise ist und sehr lange (viele Minuten) andauern kann. Das ist möglich, weil die Katze nicht zwischen jedem Schnurren eine Pause machen muss, um Luft einzuatmen, sondern abwechselnd sowohl beim Einatmen als auch beim Ausatmen schnurren kann. Eine Einatmungsphase dauert etwa eine halbe bis eine Sekunde und geht dann schnell in eine Ausatmungsphase über, die ungefähr genauso lang ist. Bei manchen Katzen kann eine der Phasen auch deutlich länger, lauter und tiefer in der Frequenz sein.

Phonetische Beschreibung und Transkription

Schnurren ist ein leiser, sehr tiefer, wahrscheinlich meist stimmloser (aber regelmäßig vibrierender) konsonantischer Laut ganz ohne Vokale. Am meisten ähnelt Schnurren einem luftigen, nasalen Vibranten wie [r̃] oder [ř], oft mit einem weichen [h]-Konsonanten kombiniert. Jede Ein- und Ausatmungsphase hat eine Dauer von einer halben bis zu einer Sekunde, der Übergang zwischen den Phasen ist sehr kurz und schnell.

Moelk transkribierte Schnurren als [‚hrn-rhn-'hrn-rhn…], mithilfe des internationalen phonetischen Alphabets würde ich es ungefähr als [↓h:ř-↑ř:h-↓h:ř-↑ř:h] oder [↓h:r̃-↑r̃:h-↓h:r̃-↑r̃:h] schreiben. Der Pfeil nach unten steht für Einatmen, der Pfeil nach oben für Ausatmen.

Schnurren kann zusammen mit anderen Lauten kombiniert oder sogar gemischt werden, oft mit Gurren und Miauen.

Tipp: Die phonetischen Zeichen werden in den Tabellen am Ende des Buches (Seite 244–246) genau beschrieben.

Stimme und Melodie

Schnurren ist meist stimmlos, obwohl es wahrscheinlich mit den Stimmbändern produziert wird. Es ist ein regelmäßiger Laut, aber so tief, dass man das Pulsieren des vibrierenden Kehlkopfes hören kann. Für Menschenohren klingt das fast wie eine leise rasselnde Kette. Die sehr tiefen Vibrationen sind ziemlich monoton, bei einigen Tieren unterscheidet sich die Frequenz in den Einatmungsphasen von der in den Ausatmungsphasen. Gemischte Schnurrkombinationen (mit Gurren und Miauen) können stimmhaft sein.

»Meck, meck, meck, gleich fress ich dich!«

Lockruf für Beutetiere

Rocky sitzt auf der Fensterbank in der Küche, guckt aus dem Fenster und gibt Laute von sich, die man nicht unbedingt mit einer Katze verbindet: »Meh, meh, meh … meck, meck … meck, meck.« Als ich zu ihm rübergehe, sehe ich, dass eine große Möwe auf dem Dach des Nachbarhauses sitzt. Rockys Schwanz wedelt mit großen Bewegungen. Ist er aufgeregt? Nervös? »Meck, meck, meck … meh meow«, fährt er fort und fixiert die Möwe mit hypnotisierendem Blick. Die Möwe beachtet ihn überhaupt nicht und schwingt sich in die Luft. »Braver Rocky, guter Junge«, lobe ich ihn, »jetzt hast du wieder eine Möwe verjagt.« Heute weiß ich viel mehr darüber, warum Katzen diese komischen Geräusche machen, aber das erste Mal, als ich diese Laute hörte – ich glaube, es war von meinem Kater Vincent –, musste ich lachen.

Beschreibung des Lautes

Schnattern (oder Keckern) und Zwitschern (oder Meckern) sind ziemlich ungewöhnliche Laute, die Katzenhalter manchmal nicht richtig verstehen. Viele unserer Katzen sitzen gerne auf der Fensterbank und schauen nach draußen. Dann entdecken sie einen Vogel in einem Baum, auf einem Dach oder auf der Straße und fangen an zu schnattern und zu zwitschern. Auch draußen im Garten äußern manche Katzen diese Laute, wenn sie ein Beutetier entdecken, das zu weit weg ist, zum Beispiel ein Insekt oder einen Vogel. Auch einige Wildkatzen zeigen dieses Verhalten, zum Beispiel wenn ihre bevorzugten Beutetiere (Vögel, Nagetiere, Insekten) in der Nähe sind. Diese Laute könnten also zum Jagdtrieb gehören, wenn die Katzen den Laut der Beute zu imitieren versuchen. Vielleicht wollen sie damit die Beute in Sicherheit wiegen und so lange wie möglich in der Deckung bleiben.

Da es sehr viele Variationsmöglichkeiten gibt, ist es nicht ganz einfach, diese Vielfalt von Lauten zu kategorisieren. Doch könnte man sie in die folgenden beiden phonetischen Kategorien (mit Variationen beziehungsweise möglichen Unterkategorien) einteilen: Schnattern (oder Keckern) (stimmlos) und Zwitschern (oder Meckern) (stimmhaft). Welche der folgenden Laute und Lautvariationen haben Sie schon bei Ihrer Katze gehört?

Schnattern

Schnattern (oder Keckern) sind in der Regel stimmlose, sehr schnelle, kurze, abgehackte oder in schneller Folge ausgestoßene, stotternde oder klickende Sequenzen von Lauten, die mit schnell wackelndem Kiefer hervorgebracht werden. Oft klingen diese Laute wie Zähneklappern mit K-Konsonanten, die in Lautschrift so geschrieben werden: [k k k k k k] oder [k̟꞊ k̟꞊ k̟꞊ k̟꞊ k̟꞊ k̟꞊]. Das kleine »+« unter dem »k« bedeutet, dass es weiter vorne im Maul ausgesprochen wird (mitten im Maul), und das »꞊« bedeutet, dass es ein unaspiriertes »k« ist, also dass keine weitere Luft nach dem »k« rausgelassen wird. Es wird vermutet, dass dieser Laut mit dem Beutefang zusammenhängt. Eine Katze, die einen Vogel sieht, den sie nicht erreichen kann, schnattert und imitiert dadurch auf eine stereotype Weise einen Todesbiss. Diese Handlung könnte dem Tier als Spannungsabbau dienen. Manche Katzen schnattern auch aus einer Protesthaltung heraus, zum Beispiel wenn sie sich ungerecht von Frauchen oder Herrchen behandelt fühlen oder wenn sie verärgert sind.

Zwitschern

Zwitschern (oder Meckern) besteht aus kurzen stimmhaften Lauten. Sie klingen ungefähr wie »Eh«, »Ähh«

oder »Meck« und hören sich fast wie Vogelgezwitscher oder Nagetierpiepsen an. Manche hören in dem Geräusch auch das hohe Klingeln eines Telefons. Der Ton steigt oft am Ende des Lautes an. Der Ansatz ist häufig hart (mit Knacklaut [ʔ]), und die darin enthaltenen Vokale sind oft »e« und »ä«, in phonetischer Schrift [ʔə]. Diese Laute werden oft in Sequenzen wiederholt: »Meck, meck, meck« [ʔɛʔɛʔɛ]. Manchmal sind diese Laute etwas heiser, kratzig oder rau und ähneln heiserem Miauen oder Kreischen. Das Zwitschern kann auch in anderen als vom Jagdtrieb bestimmten Situationen vorkommen, zum Beispiel wenn eine Lampe nach dem Ausschalten knackende Geräusche macht oder wenn die Menschen kleine Gegenstände durch die Luft werfen, wie mein Mann und ich Dartpfeile in Richtung Zielscheibe.

Es gibt außerdem Varianten von Zwitschern, die etwas andere phonetische Merkmale haben und deshalb auch zu möglichen Unterkategorien gehören könnten.

Das (weiche) Piepsen ist eine abgeschwächte Art des Zwitscherns. Es hat keinen harten Ansatz (ohne Knacklaut [ʔ]), stattdessen manchmal mit einem »u« oder [w] am Anfang und mit variierenden Vokalen; oft sind es die Vokale »i«, »ä« oder »u«, wie zum Beispiel in [wi] oder [ɦɛu]. Trällern (Fiedeln) ist ein ausgedehntes Zwitschern oder Piepsen, oft kombiniert mit Stimmmodulationen wie zum Beispiel Tremolo oder Zittern und mit deutlich mehr Melodievariationen. Zwei oder noch mehr Silben sind oft zu hören, zum Beispiel in [ʔəɛəɥə].

Auch hier kommen Kombinationen der oben genannten Laute vor.

Konkrete Beispiele

Meine Katzen unterscheiden sich in dieser Kategorie der Lautäußerungen. Donna produziert meistens Kombinationen von Zwitschern und Schnattern, wenn sie einen Vogel sieht. Sie scheint größere Vögel wie Möwen, Krähen und Elstern zu bevorzugen, denn je größer der Vogel, desto lauter und länger sind ihre Sequenzen von Zwitschern und Schnattern.

Turbo schnattert nur selten, aber er zwitschert umso mehr – und nicht nur gegenüber Vögeln und Insekten. Wenn mein Mann und ich zu Hause in unserer kleinen Bar-Ecke Darts spielen, fliegen kleine interessante Gegenstände durch die Luft, und Turbo ist der Ansicht: Das könnte etwas zum Naschen sein. Und das ist ihm allemal ein Zwitschern wert. Die Dartpfeile haben für Katzenaugen eine frappierende Ähnlichkeit mit den kleinen Kohlmeisen, die er aus dem Garten kennt. Natürlich werfen wir nur Dartpfeile mit weichen Spitzen und geben acht, dass keine Katze die Flugbahn kreuzt. Turbo ist nicht bereit anzuerkennen, dass es sich bei den Flugobjekten weder um Naschereien noch um Kohlmeisen handelt, und zwitschert jedes Mal frisch drauflos, wenn unsere elektronische Dartscheibe in Betrieb genommen wird. Er rennt ganz schnell zu uns ins Zimmer und ruft laut: »[ʔɛ ʔə], [ʔæ ʔa ʔə]«, was wir als: »Was? Habt ihr schon ohne mich angefangen? Ich will doch zuschauen. Und wo ist mein Leckerbissen?« verstehen. Während des Spiels residiert er auf dem Tresen unserer kleinen Bar und kommentiert zwitschernd jeden Wurf.

Rocky zwitschert und schnattert in Kombinationen, und er ist der Einzige unter meinen Katzen, der oft auch piepst, fiedelt oder trällert. Er kann dann lange dasitzen und den Vogel beobachten, während er weich vor sich hin piepst und in steigenden und fallenden Melodiesequenzen fiedelt. Oft tut er das, wenn er am Fenster sitzt und draußen einen Vogel entdeckt.

Vielleicht ist das eher eine individuelle Variation, aber ich habe Piepsen und Trällern in diesem Buch doch noch als zwei weitere Unterkategorien aufgeführt, damit die Bandbreite der vorkommenden Laute etwas größer ist und Sie auch die Laute, von denen Sie glauben, dass nur Ihre Katze sie äußert, mit phonetischen Begriffen beschreiben können.

Manche Katzen schnattern, aber zwitschern nicht, andere können zwitschern, aber nicht schnattern, und nicht alle benutzen diese Laute überhaupt. Vimsan schnattert zum Beispiel fast nie. Woran das liegt, weiß ich nicht. Vielleicht hat sie selber schon – bevor sie zu uns kam – so viele Vögel gefangen, dass es sie nicht mehr so sehr erregt, wenn sie noch eine kleine Kohlmeise vor dem Fenster sieht. Sie klettert aber durchaus gerne den Elstern auf den Baum nach, wenn sie von ihnen geneckt und beschimpft wird. Dabei macht sie allerdings keinen Mucks.

Dazugehörige Körpersprache

Katzen sitzen oder stehen meist, wenn sie schnattern und zwitschern. Oft werden die Schnatterlaute von einem unruhig hin- und herpeitschenden Schwanz begleitet. Das signalisiert zugleich, wie aufgeregt, angespannt und hoch konzentriert das Tier gerade ist.

Manchmal versuchen Katzen, die Beute zu fangen, obwohl sich der Vogel oder das Insekt auf der anderen Seite der Fensterscheibe befindet. Beim Keckern und Schnattern klappern sie mit den Zähnen und bewegen das Maul schnell auf und ab. Dafür gibt es noch weitere mögliche Erklärungen. Einige behaupten, dass Katzen, wenn sie ein kleines Beutetier getötet haben und es fressen wollen (mit Fell beziehungsweise Federn, Knochen und allem Drum und Dran), ähnlich mit den Zähnen klappern, um ihre eigene Speiseröhre vor scharfen Knochen zu schützen. Andere vermuten, dass die Katzen mit dem Schnattern und Zähneklappern den Nackenbiss üben, mit dem sie ein Beutetier töten. Auch im Liegen und im Schlaf können Katzen schnattern. Turbo träumt wahrscheinlich manchmal von Vögeln oder Dartpfeilen und zwitschert dabei leise, wenn er in seinem Korb schläft.

Phonetische Einordnung
(Lauttyp, Melodie)

Piepsen und Trällern habe ich, wie bereits gesagt, nur bei meinen Katzen gehört, selten bei anderen. Es gibt bestimmt auch andere Varianten, die vielleicht nur bei Ihrer Katze vorkommen, die ich natürlich nicht in dieser Beschreibung berücksichtigen kann. Die Vielfalt und die Variationsmöglichkeiten bei den Katzenlauten sind fast unendlich. Nicht zuletzt deshalb finde ich Katzenlaute so interessant.

Artikulation

Schnattern und die meisten Varianten von Zwitschern werden mit gespanntem, offenem Maul gebildet. Die beiden Unterkategorien von Zwitschern – Piepsen und Trällern – werden dagegen oft mit sich öffnendem und / oder schließendem Maul geäußert.

Phonetische Beschreibung und Transkription

Schnatterlaute werden oft aus mehreren gleichen Konsonanten zusammengesetzt und hören sich fast wie Knacklaute (Kehlkopfverschlusslaute) [ʔ ʔ ʔ ʔ] oder vordere, knatternde »Ks« [k k k k k k] an oder wie [k̟= k̟= k̟= k̟= k̟= k̟=]. Das kleine »+« unter dem »k« bedeutet, dass es weiter vorne im Maul ausgesprochen wird (mitten im Maul), und das »=« bedeutet, dass es ein unaspiriertes »k« ist, also dass keine weitere Luft nach dem »k« rausgelassen wird.

Zwitschern (oder Meckern) besteht oft aus [ʔ] oder [ḵ˭] und einem Vokal wie »e«, »ä« oder »a«, so wie zum Beispiel [ʔə] oder [ḵ˭e]. Meist wird Zwitschern in längeren Sequenzen ausgesprochen wie in [ʔɛʔɛʔɛ].

Beim Piepsen (und beim längeren Trällern) gibt es keinen harten Konsonanten im Anlaut und stattdessen ein weicheres »u«, [w] oder »h«, zum Beispiel [wi] oder [ɦɛu]. Längeres Trällern oder Fiedeln wird oft auch ohne [ʔ] oder [ḵ˭] geäußert und besteht aus mehreren Silben, die oft eine ziemlich komplizierte Melodie ergeben: [wəɛəɥə].

Tipp: Die phonetischen Zeichen werden in den Tabellen am Ende des Buches (Seite 244–246) genau beschrieben.

Stimme und Melodie

Schnattern und Keckern sind meist stimmlos, während Zwitschern stimmhaft ist. Die kurzen Zwitscherlaute sind oft entweder monoton oder haben eine leicht fallende Melodie. Piepsen und Trällern hingegen können mehr Variationen in der Melodie aufweisen. Trällern besteht aus einer Tonkombination mit vielen Steigungen und Stimmsenkungen in der Melodie.

Wie man die eigene Katze verstehen lernt

Nachdem ich Ihnen nun zahlreiche Katzenlaute und ihre Variationen vorgestellt habe, möchte ich diese im folgenden Kapitel in ein größeres phonetisches System einordnen. Daraus entsteht so etwas wie das sprachliche Gerüst der Katzensprache. Die verschiedenen Lauttypen werden in einer Tabelle dargestellt, welcher die phonetischen Merkmale leicht zu entnehmen sind. Des Weiteren werde ich Ihnen noch mehr Variationen erläutern und versuchen, mögliche Gründe für diese Variationen anzuführen.

Zusammenfassung der Katzenlaute: Das System der Katzensprache

Wenn wir die artikulatorisch-phonetischen Kategorien, die Moelk (siehe Seite 29) eingeführt hat, einen Moment vergessen und uns den Katzenlauten auf auditivem (durch sorgfältiges Zuhören) und akustischem (durch Analyse der akustischen Muster in Bezug auf Frequenz, Dauer und Intensität) Wege nähern, können wir die verschiedenen Konsonanten und Vokale, die Katzen produzieren können, in ein phonetisches System einordnen (und mit einer menschlichen Sprache wie zum Beispiel Deutsch vergleichen). Wie bereits erwähnt, möchte ich aber deutlich machen, dass die Lautäußerungen der Katze nicht mit einer menschlichen Sprache wie zum Beispiel Deutsch, Japanisch oder Schwedisch gleichzusetzen sind. Obwohl Katzen mit ihren Menschen auf eine komplizierte Weise mit Lauten kommunizieren, habe ich bisher keine Hinweise darauf gefunden, dass Katzenlaute einer Grammatik folgen oder dass jeder Laut oder Lauttyp eins zu eins in ein bestimmtes Wort oder einen Satz in einer menschlichen Sprache übersetzbar wäre. Damit ist nicht gesagt, dass Katzen ihre Gefühle, Launen, Wünsche oder Bedürfnisse nicht mit Lauten ausdrücken können. Das können sie auf jeden Fall. Aber jede Katze entwickelt zusammen mit ihren Menschen – und vielleicht auch mit den Katzen, die sie gut kennt – ein System, das es ihr erlaubt, auf eine besondere und einzigartige Weise zu kommunizieren. Jede Katze nutzt mehrere Wege, um zu kommunizieren (mit Düften, mit visuellen Signalen wie Körperhaltung oder Ohrenbewegungen, mit Lautäußerungen); letztlich bedient sie sich der Kommunikationsweise, die das beste Ergebnis zeitigt, und wendet diese in ähnlichen Situationen immer wieder an.

Laute scheinen oft das Mittel der Wahl zu sein bei der Kommunikation mit uns Menschen, und dabei zeigt sich das Miauen als besonders wirkungsvoll, denn wir reagieren sofort darauf. Aber »Miau« ist kein Wort, denn es hat keine eindeutige Bedeutung. Die Katze teilt uns vielmehr durch verschiedene Stimmqualitäten, Melodien, Lautstärken und Kombinationen von Vokalen und Konsonanten in jedem Miau genau mit, was sie gerade will oder braucht. Auch wir Menschen lernen – nach gewisser Übung –, diese verschiedenen Nuancen zu verstehen und können sie selbst benutzen, wenn wir mit unseren Katzen (in unserer Menschensprache) sprechen. Eine leise, weiche und helle Stimme bedeutet meist Freundlichkeit und Zuneigung, eine lautstarke, harte und tiefe Stimme zeigt, dass wir unzufrieden oder böse sind – egal, welche Wörter wir benutzen. Der Tonfall – zum Beispiel die Auf- und Abbewegung der Tonhöhe – drückt hier oft mehr aus als die Wörter an sich. Auch wir Menschen kommunizieren häufig ohne Wörter mit unseren engen Freunden und Familienmitgliedern. Zum Beispiel kann ein ausdrucksvolles »Mmmm« – wenn es mit unterschiedlicher Melodie, Länge und Lautstärke ausgesprochen wird – sehr viele verschiedene Bedeutungen tragen.

Obwohl Katzen keine Sprache nutzen, die der menschlichen ähnelt, möchte ich das sogenannte Kätzisch in ein phonetisches System einordnen. Darin enthalten sind alle Vokale und Konsonanten, die ich bisher in Katzenlauten identifizieren konnte, sowie zusätzliche phonetische Merkmale. Mich interessiert, welche Vokale und Konsonanten Katzen überhaupt aussprechen können und in welchen Kombinationen sie zusammen mit anderen Einzellauten vorkommen.

Dieses System erhebt bei Weitem nicht den Anspruch auf Vollständigkeit – ich habe zum Beispiel noch nicht untersucht, ob Katzen nasale Vokale haben wie im französischen »un bon vin blanc« (ein guter Weißwein) –, dennoch möchte ich Ihnen meine bisherigen Ergebnisse vorstellen.

Für einen Überblick über alle Katzenlaute, die ich in diesem Buch beschrieben habe, finden Sie am Ende des Buches, ab Seite 242, eine Tabelle, die alle Lauttypen und die zugehörigen typischen phonetischen Merkmale zusammenfasst. In der Tabelle sind die verschiedenen Bezeichnungen der Laute und deren Unterkategorien aufgeführt, außerdem die Art der Artikulation (die Lage oder Bewegungen des Mauls), die Stimmlage (hell, tief…) sowie eine kurze Beschreibung der phonetischen Kategorie, die zugehörige typische phonetische Transkription und eventuelle zusätzliche Bemerkungen – alles auf einen Blick.

In dieser Übersicht sind nicht alle Nuancen und Variationen enthalten, nur die wichtigsten Lautkategorien und -typen. Trotzdem glaube ich, dass Sie diese Tabelle als Grundlage verwenden können, wenn Sie einen Katzenlaut hören und nicht genau wissen, was er signalisieren könnte. Die Lauttypen sind nach den Typen Miauen, Gurr-Miauen, Gurren, Knurren, Fauchen, Heulen, Knurr-Heulen, Kreischen, Katzengesang, Schnurren und Schnattern und ihren Unterkategorien geordnet. Unter »Artikulation« finden Sie die Angabe, ob dieser Laut mit geschlossenem, offenem, öffnendem und/oder schließendem Maul produziert wird, und unter »Stimme« ist verzeichnet, ob der Laut stimmhaft oder stimmlos ist, ob der Ton hell oder tief, die Melodie eben, steigend oder fallend ist. Eine kurze Beschreibung des Lautes finden Sie unter »Phonetische Kategorie«, außerdem gibt es die Rubrik »Typische phonetische Transkriptionen«. Zusätzlich sind noch einige Bemerkungen zu den Lauten enthalten.

Genauso wie die Wörter der menschlichen Sprachen bestehen die meisten Katzenlaute aus mehr als einem Einzellaut (Vokale, Konsonanten). Das deutsche Wort »Miau« besteht aus einem Konsonanten – dem »m« – und den drei Vokalen »i«, »a« und »u«, der Katzenlaut [miaʊ] besteht ebenfalls aus einem Konsonanten und drei Vokalen. Diese Bausteine geben uns Hinweise auf die Anatomie und die Bewegungen, die eine Katze mit ihrem Maul, mit ihrer Zunge, mit ihren Lippen und Stimmbändern ausführen kann.

Katzenstimmen sind viel heller als Menschenstimmen. Das liegt daran, dass die Lautbildungsorgane der Katze viel kleiner sind. Kleinere Stimmbänder produzieren höhere Tonlagen, und kleinere Hohlräume (Resonanzräume) im Maul produzieren hellere Laute.

Es ist nicht davon auszugehen, dass Katzen alle Einzelsprachlaute, die in menschlichen Sprachen vorkommen, produzieren können. Katzenzungen und -lippen haben eine andere Form und Größe als Menschenzungen und -lippen, auch die Lage und Form des Kehlkopfes unterscheidet sich. Entsprechend können wir auch nicht alle Katzenlaute exakt imitieren. Können Sie zum Beispiel ohne große Anstrengung schnurren, gurren, knurren oder grollen?

Beginnen wir bei den kleinsten Bausteinen der Sprache, das sind zunächst Einzellaute – die Vokale und Konsonanten.

Vokale

Bisher habe ich über zehn Vokale in Katzenlauten entdeckt. In der nachstehenden Grafik habe ich die Vokale mit phonetischer Schrift aufgezeichnet und sie in eine Art phonetischen Raum eingeordnet. Die Vokale sind hier hinsichtlich der Zungenposition (Zungenhöhe, Zungenlage und Lippenstellung [ungerundet / gespreizt oder gerundet]) in ein sogenanntes Vokalviereck (oder Vokaltrapez) eingeordnet. So stellen Phonetiker oft die verschiedenen Vokale der menschlichen Sprachen dar, und deshalb habe ich es nun mit den Katzenvokalen genauso gemacht. Wenn Sie dieses auf Seite 147 abgebildete Vokalviereck verwirrt, können Sie es ohne Probleme überspringen.

Die Abbildung auf Seite 147 zeigt alle Vokale in menschlichen Sprachen, die Vokale, die ich bisher in Katzenlauten beobachtet habe (umrandet), sowie diejenigen, von denen ich denke, dass Katzen sie produzieren können (gestrichelt umrandet). Dort wo zwei Vokale rechts und links neben einem Punkt stehen, wird der linke Vokal ohne Lippenrundung, der rechte mit Lippenrundung produziert, ansonsten werden sie identisch ausgesprochen.

Das Vokalviereck für Katzenlaute

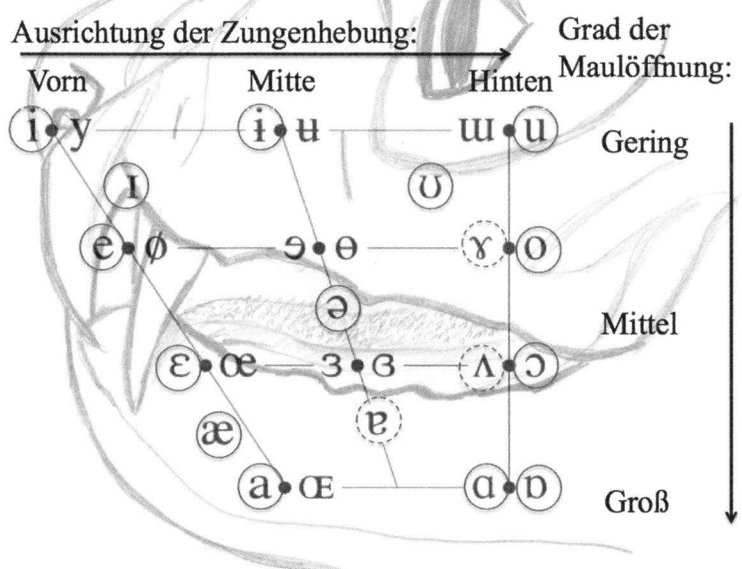

Vokalviereck mit phonetischen Zeichen für alle Vokale (für Katzenlaute umrandet)

Obwohl ich Katzen lange Zeit eingehend beobachtet habe, kann ich bis heute nicht mit Sicherheit sagen, ob sie ihre Lippen vorstülpen und runden können, wie wir Menschen es mit unseren Lippen machen, wenn wir von einem »e« (gespreizte Lippen) in ein »ö« (gerundete Lippen) übergehen. Sie müssten es eigentlich können, denn alle Säuglinge runden ihre Lippen, wenn sie bei ihrer Mutter Milch saugen (nuckeln), und das »u« in »Miau« ist laut der phonetischen Beschreibung ein gerundeter Vokal, und das [w], mit dem viele Miau-Varianten beginnen [waʊ], müsste eigentlich mit vorgestülpten Lippen hervorgebracht werden. Ich habe aber bisher noch keine Katze aufgezeichnet, die deutlich sichtbar ihre Lippen vorstülpt und rundet. Katzen können jedoch Vokale mit geringer Maulöffnung (»i«, »u«) sowie mit großer Maulöffnung (»a«) hervorbringen. Ich nehme an, dass die meisten Vokallaute, die ich bei Katzen beobachtet habe, ohne Lippenrundung produziert werden. Wahrscheinlich können Katzen auch mit neutralen Lippen – also weder gespreizt noch gerundet – vokalisieren und Vokale wie [ə] (zum Beispiel das »e« in »Katze«) oder [ɐ] (zum Beispiel das »er« in »Kater«) produzieren.

Konsonanten

Meine Forschung beruht auf der Annahme, dass Katzen Konsonantenlaute produzieren können, die den menschlichen ähneln. Alle diese Konsonanten habe ich in einem phonetischen System zusammengefasst. Ab und zu habe ich Kompromisse machen müssen, zum Beispiel mit dem vibrierenden R-ähnlichen Laut in Schnurren oder Gurren. Das ist wahrscheinlich kein Zungenspitzen-ʀ so wie wir Menschen es artikulieren, sondern wird weiter hinten im Maul produziert, aber ich habe diese Laute trotzdem mit [r̃] in phonetischer Schrift bezeichnet, weil sie heller klingen als die tiefen Knurr-Laute, die mit [ʀ̃] bezeichnet sind. In der Konsonantentabelle ganz hinten im Buch sind sämtliche Konsonanten, die ich in Katzenlauten beobachtet habe, eingetragen, und auf der Website habe ich für interessierte Leser mehr über die Konsonanten, die ich in Katzenlauten entdeckt habe, geschrieben (*www.meowsic.info/konsonanten*).

Weitere phonetische Merkmale: Prosodie

Katzenlaute bestehen nicht nur aus Bausteinen wie Vokalen und Konsonanten, sondern folgen auch einer bestimmten Melodie, Lautstärke, Länge, einem Rhythmus und einer Stimmqualität. Die Gesamtheit dieser Eigenschaften nennt man Prosodie. Auch Katzen beherrschen das, zum Beispiel bei einem »Miau«, das »Ich habe Hunger« signalisieren soll und sich vom »Miau« für »Mir gefällt das nicht« unterscheidet. Deshalb glaube ich, dass wir Menschen Katzenlaute sehr viel besser deuten können, wenn wir uns auf ihre spezifischen Eigenschaften deutlicher konzentrieren. Ist ein Laut lang oder eher kurz? Mit dem phonetischen »Dauerzeichen« [ː] können wir die Länge eines Einzellautes repräsentieren; ohne [ː] ist der Laut kurz, mit dem Dauerzeichen dagegen lang. Laute, auf die dieses Zeichen folgt, sind lang, zum Beispiel das »a« in diesem [waːuh]. Auch Veränderungen in der Prosodie während eines Katzenlautes – wie zum Beispiel steigender Ton oder steigende Lautstärke – vermitteln eine wichtige Information. Wir wissen noch nicht sehr viel über die Variation in Vokalen und Konsonanten sowie die prosodische Variation verschiedener Katzenlaute, aber wahrscheinlich verändern Katzen ihre Stimmen und ihre

Sprechmelodie genauso wie andere Tiere und wir Menschen, und über diese generelle Variation wissen wir schon ein bisschen mehr.

Um Katzenlaute noch besser zu verstehen, müssen wir erst auf die Merkmale eingehen, die den meisten Säugetierarten gemeinsam sind – egal ob Katze, Mensch, Nilpferd, Gorilla, Wolf oder Maus. Laut des von John Ohala (1994) propagierten Frequenzcodes bedeuten generell niedrige, in der Frequenz tiefe Laute: »Ich bin groß, stark und dominant.« Tiefe und dunkle Laute (mit niedrigen / tiefen Frequenzen) werden oft in aggressiven Situationen als Drohung benutzt. Hohe und helle Laute bedeuten das Gegenteil: »Ich bin klein, schwach und unterwürfig.« Junge Tiere (und Menschen) haben höhere Stimmen als ausgewachsene, und Hunde wimmern, wenn sie unsicher und traurig sind oder Angst haben, knurren oder bellen aber, wenn sie drohen oder aggressiv sind.

Außerdem klingen manche Vokale – in den menschlichen Sprachen sowie in Tierlauten – oft dominant und bestätigend (»a«, »o«), andere eher schwach, fügsam und fragend (»i«, »e«). Auffallend ist, dass diese Vokale dann verhältnismäßig oft (aber nicht ausschließlich) in Wörtern mit entsprechender Bedeutung vorkommen: groß, hart, Mann (dominant); niedlich, Kind (schwach, fügsam). Außerdem ist zu beobachten, dass die Sprachmelodie sich durch Emotionen oder eine bestimmte Absicht ändert. Unsichere Sprecher (die Bestätigung von ihrem Gesprächspartner brauchen) beenden ihre Sprachsignale oft mit ansteigendem, fragendem Ton, sichere beenden ihre Signale eher mit fallendem Ton.

Viele Katzenhalter meinen, dass sie sofort hören, ob ihre Katze zufrieden, traurig, böse oder ängstlich ist. Es kann sein, dass Tiere die gleichen Signale aussenden wie wir Menschen, um Emotionen und Bedürfnisse zu äußern. Katzen zeigen als Raubtiere aber grundsätzlich nicht oft ihre Gefühle, auch wenn sie erwachsen sind. Dadurch wollen sie sich schützen und sich keine Schwäche oder Schmerzen anmerken lassen.

Wir Menschen zeigen in der Regel auch stimmlich, wie wir uns fühlen. Egal, welche Sprache wir sprechen, wir ändern die Sprechmelodie, Lautstärke und den Klang in unseren Stimmen, wenn wir traurig, froh, ängstlich oder wütend sind.

Freude: Wenn wir froh sind, benutzen wir eine hochfrequente Tonhöhe/Stimme, mit vollem Klang, großem Frequenzumfang und zahlreichen schnellen und großen Veränderungen in der Tonhöhe.

Ärger: Wenn wir böse oder wütend sind, sprechen wir oft in hoher Tonlage und recht laut mit abrupten Schwankungen in der Stimme (aufgrund der höheren Muskelaktivität in den Sprechorganen). Aber wir können auch unsere Gefühle unterdrücken und etwas langsamer mit leiser, gepresster oder gespannter Stimme sprechen. Es gibt also mindestens zwei Arten, wie wir Wut ausdrücken können.

Trauer (Sorge): Eine leise, langsame und tiefe (tieffrequente) Tonlage ist das Kennzeichen einer traurigen Stimme. Der Frequenzumfang bleibt klein (nur kleine Veränderungen und ein geringer Unterschied zwischen dem höchsten und dem tiefsten Ton), die Intonation eher monoton (wegen geringer Muskelaktivität der Sprechorgane).

Angst: Wenn wir Angst empfinden, machen wir während des Sprechens lange Pausen, obwohl wir ein hohes Tempo und einen großen Frequenzumfang in der Sprechmelodie haben. Auch Unregelmäßigkeiten können vorkommen, sowohl in der Frequenz als auch in der Intensität (Lautstärke).

Mithilfe dieser universellen Merkmale in der Prosodie können wir die Lautsignale unserer Katzen besser deuten. Katzenlaute klingen ebenso unterschiedlich, je nachdem, in welcher Gefühlslage die Katze sich befindet. Ich habe beobachtet, dass meine Katzen die Melodie am Ende eines Lautes sehr oft verändern. Es stellte sich die Frage: Was bedeutet es, wenn ein »Miau« ansteigend, ein weiteres »Miau« fallend verläuft und wieder ein anderes »Miau« gedehnt wird oder sogar zunächst steigt und dann wieder fällt? Daher habe ich meine Katzen systematisch beobachtet und genau registriert, in welchen Situationen sie die verschiedenen Melodien benutzt haben. Das bestätigte meine Annahme, dass Katzen – genau wie wir Menschen – ihre Gefühle mit ihrer Stimme ausdrücken können.

Wenn Donna mich zum Spielen holen will und nicht auf der Stelle die gewünschte Reaktion bekommt, ändert sie ihre Stimme. Ihre Gurr-Miaus werden immer lauter, langsamer (ausgedehnter) und zeigen größere Schwankungen in der Melodie. Somit endet jedes »Miau« in einem noch höheren Ton.

Kompis machte es genauso, wenn er rausgelassen werden will und wir nicht sofort die Tür öffnen. Seine hellen »Miaus« werden am Ende immer höher im Ton. Wenn Turbo in seine Transportbox gepackt werden muss, um zum Tierarzt zu fahren, miaut er ganz anders, als wenn er zu Hause ein Leckerli einfordert. In der Box klingen seine Miau-Laute sehr ängstlich und traurig. Sie haben einen geringen Melodieumfang, die Stimme ist gedämpft, und die Laute haben oft einen gegen Ende abfallenden Ton.

Sprachübung für Menschen

Sie haben ja bereits gelernt (und wissen es aus Erfahrung): Katzenlaute hören sich sehr unterschiedlich an; das Schnurren anders als das Miauen, das Fauchen abweichend vom Gurren, das Schnattern unterscheidet sich sehr vom Heulen. Aber auch zwei Gurrtöne können sich wesentlich voneinander unterscheiden. Wenn ich mir die Lautäußerungen meiner Katzen genau anhöre, entdecke ich viele Nuancen. Donna benutzt mehr »ä« [wʊæ] in ihren Miaus, wenn sie gleichzeitig gurrt und auf meinem Schoß tretelt, als wenn sie vor der Tür sitzt, gurrt und miaut, weil sie rausgelassen werden will. Dann klingt es mehr wie ein »typisches« Miau [wɪaʊ]. Mit etwas Übung kann jeder lernen, diese kleinen Nuancen und Varianten zu erkennen und seine Hausgenossen besser zu verstehen. Ein kleiner Trick, den ich selber oft benutze, ist Imitation. Immer wenn ich einen ungewöhnlichen Laut höre, versuche ich, ihn nachzuahmen. Dann spüre ich, wie ich meinen Mund, die Lippen und manchmal auch meine Zunge bewege, um einen ähnlichen Laut herzustellen. Vielleicht machen Katzen ähnliche Bewegungen mit ihren »Lautäußerungsorganen«.

Die jeweilige Körperhaltung und die Bewegungen der einzelnen Körperteile oder des ganzen Körpers können gleichsam viel über die wahrscheinliche Bedeutung eines Lautes aussagen. Schauen Sie genau hin, was Ihre Katze macht, wenn sie einen bestimmten Laut äußert, und Sie werden erkennen, dass die verbale und die visuelle Kommunikation einander verstärken und dass die Botschaft des Gesagten deutlicher wird.

Mensch an Katze –
so gelingt die Kommunikation

Sie haben jetzt viel darüber gelesen, welche Katzenlaute es gibt, wie man sie beschreibt und welche Merkmale sie aufweisen. Viele Katzenfreunde, die von meiner Forschung über Katzenlaute hören, fragen mich, ob ich schon den Katzencode geknackt habe und jetzt alles verstehe, was sie sagen. Das habe ich natürlich keineswegs, aber mit ein bisschen Übung kann jeder Katzenfreund lernen, die sprachlichen Signale seiner Katze besser zu verstehen und die Mensch-Katze-Kommunikation zu verbessern. Im Folgenden habe ich für Sie einige Beispiele zusammengestellt, die zeigen, womit ich schon gute Erfolge erzielen konnte, verbunden mit praktischen Tipps, die Ihnen dabei helfen können, Ihre Katze besser zu verstehen.

So können Sie die Laute Ihrer Katze
besser deuten

Manchmal können schon die simpelsten phonetischen Methoden helfen, einen Laut, den Ihre Katze äußert, zu verstehen. Versuchen Sie, genau herauszuhören, wie der

Laut beschaffen ist. Vielleicht entdecken Sie die einzelnen Vokale und/oder Konsonanten, die in dem Laut stecken. Versuchen Sie selber, diesen Laut zu imitieren, um besser nachvollziehen zu können, wie er entsteht – mit geschlossenem, offenem oder öffnendem-schließendem Maul. Hören Sie genau hin, wie sich die Melodie verändert, wie kurz oder lang der Laut ist und so weiter. Versuchen Sie, den Laut zu beschreiben, entweder mit phonetischen Zeichen (nehmen Sie dazu gerne die Tabellen zur Hand, die Sie am Ende des Buches finden) oder einer kurzen Notiz dazu, was Sie hören, zum Beispiel: »Ein langer seltsamer Miau-ähnlicher Laut, aber das Maul scheint die meiste Zeit geschlossen zu sein, nur am Ende kommen richtige Vokallaute (a und u) vor« oder: »Sehr kurze K-ähnliche Laute, die immer wieder wiederholt werden.« Sie müssen kein Phonetiker sein, um einen Laut gut beschreiben zu können. Die Hauptsache ist, dass Sie selbst diese Beschreibung erklärend finden und später noch nachvollziehen können. Beschreiben Sie auch die Situation oder den Kontext, in dem der Laut geäußert wurde – morgens oder nachts, in der Küche oder im Garten, wenn Sie und Ihre Katze gerade am Spielen sind, wenn die Katze in Ihr Zimmer kommt und so weiter. Versuchen Sie anschließend herauszufinden, ob Ihre Katze ähnliche Laute in ähnlichen Situationen äußert. Wunderbar, wenn Ihnen das gelingt. Denn wenn Sie einen Laut mit einem gewissen Zusammenhang verbinden können, werden Sie den Laut viel besser deuten können.

Aber sicher kennen Sie auch Situationen, in denen Sie einfach nicht wissen und erkennen können, warum Ihr Tier auf eine bestimmte Weise reagiert oder sich seltsam verhält. Zu einigen Problemfeldern, die von Katzenhaltern an mich herangetragen wurden, möchte ich Ihnen in diesem Kapitel eine Hilfestellung geben.

Warum sagt meine Katze nichts?

Manchmal fragen mich Katzenhalter, ob ich weiß, warum ihre Katzen kaum miauen oder andere Laute äußern. Meine erste Rückfrage ist dann, wie oft und wie viel sie mit ihren Katzen reden. Oft bekomme ich dann »selten« oder »Na ja, wenn sie ab und zu mal miaut, sage ich ganz schnell ›sei still‹ zu ihr« als Antwort. Ich stelle immer wieder fest, wenn wir mit unseren Katzen häufig sprechen, dann »sprechen« sie auch viel mehr mit uns. Wenn Sie möchten, dass Ihre Katze viele Laute in ihrer Kommunikation mit Ihnen einsetzt, müssen Sie auch mit vokalen Signalen kommunizieren. Wenn Sie aber eine stille Katze haben möchten, die eher mit visuellen Signalen kommuniziert, sollten Sie vielleicht nicht so viel mit ihr reden, sondern versuchen, mit visuellen Signalen und Berührung zu kommunizieren.

Warum macht meine Katze so komische Laute?

Wenn mich Leute bitten, die Laute ihrer Katzen zu deuten, schicken sie manchmal voraus, dass die Laute sehr ungewöhnlich oder komisch sind. Einige Katzen können Laute oder Geräusche anderer Tiere – und auch von ihren Menschen in gewissem Maße – imitieren. Es kann so etwas sein wie eine Lampe, die nach dem Ausmachen kleine knackende Geräusche macht, die die Katze dann als Laute eines Beutetiers wahrnimmt und deshalb mit Schnattern beantwortet. Unser Turbo zwitschert, ich habe es bereits erwähnt, wenn wir Darts spielen, die Pfeile an, wenn sie durch die Luft fliegen. Manche Katzen versuchen auch, die Stimme ihres Menschen zu imitieren.

Vor einiger Zeit bekam ich von einer Frau aus den USA per Mail die Frage, warum ihre Katze (eine Kätzin) so wundervoll und ungewöhnlich tief miaut, dass es sich fast wie ein Bellen anhört. Ich habe sie gebeten, ihre Katze auf Video aufzuzeichnen, was sie auch tat und es mir ein paar Tage später schickte. Auf dem Film, den ihr Mann aufgenommen hatte, ist zu sehen, wie die Frau das Futter für ihre Katze zubereitet und dabei mit ihr spricht. Sie sagt: »So, jetzt gibt es was zu fressen«, »Bitte schön!« und: »Ja, Schätzchen.« Meine »phonetischen Ohren« nahmen sofort wahr, dass die Frau mit einer sehr heiseren und rauen Stimme sprach. Als ihre Katze antwortete, war auch ihre Stimme ungewöhnlich heiser und rau. Ich habe ihr geschrieben, dass ihre Katze vielleicht ihre Stimme imitiert und sie sich deshalb so heiser und rau anhört. Sie schrieb mir gleich zurück und bedankte sich. Daran hatte sie nicht gedacht, fand es aber sehr faszinierend, dass Katzen so gut die Stimmen ihrer Menschen nachahmen können. Wenn Ihre Katze mit komischer oder ungewöhnlicher Stimme Laute macht, könnte sie vielleicht auch Ihre Stimme (oder die Stimme eines anderen Menschen in ihrer Nähe / Familie) nachahmen.

Warum antwortet meine Katze, wenn ich mit ihr rede, und was soll es heißen?

Katzen äußern bestimmte Laute in bestimmten Situationen. Manchmal miauen sie uns Menschen aber ohne deutlich erkennbaren Grund an. Miauen ist ein vokales (akustisches) Signal, das oft unsere Aufmerksamkeit erregt. Obwohl wir nicht immer genau verstehen, was sie von uns wollen, können wir vielleicht schneller dahinterkommen, wenn wir mit ihnen einen Dialog führen. Wenn Sie mit Ihrer Katze sprechen und eine Antwort bekommen, die Sie nicht richtig verstehen, probieren Sie mal diese einfache Methode aus: Antworten Sie mit einem ähnlichen Laut – versuchen Sie, den Katzenlaut mit der gleichen Melodie zu imitieren –, und schauen Sie, was passiert. Wenn die Katze noch mal miaut, dann antworten Sie wieder, und beobachten Sie die visuellen Signale (Körperhaltung und -bewegungen) genau. Vielleicht zeigt sie jetzt noch deutlicher, was sie will. Sie guckt vielleicht zur Tür, die in den Garten führt, läuft zu ihrem leeren Futternapf oder sitzt nur still auf dem Fußboden und schaut uns mit großen Augen an. Wenn wir solche Dialoge oft genug mit unseren Katzen wiederholen und dabei genau auf die visuellen Signale achten sowie achtsam zuhören, welche Nuancen in den Miau-Lauten hörbar sind, können wir mehr über bevorzugte Laute in unterschiedlichen Situationen lernen und künftig besser deuten, was unsere Katze mit genau diesem Laut sagen will. Aber … vielleicht haben Katzen auch mal einfach nur Langeweile und möchten sich gern mit uns unterhalten.

So können Sie mit Ihrer Katze besser kommunizieren

Verstehen Sie mich nicht falsch, ich glaube nicht, dass wir mit unseren Katzen ausschließlich mit Katzenlauten kommunizieren sollten. In der Regel verstehen sie unsere Menschensprache auch sehr gut. Aber ab und zu entstehen Situationen, in denen es besser, schneller oder einfacher mit Katzenlauten geht. Das möchte ich Ihnen anhand einiger Beispiele erläutern.

Katzenstreit schlichten
Wenn wir sehen, dass unsere Katze sich in einer körperlichen Auseinandersetzung mit einer anderen Katze befindet, ist der erste Impuls, zu versuchen, sie zu retten und das Schlimmste zu verhindern.

Ich würde aber nicht unbedingt empfehlen, dass wir Menschen uns einmischen und unsererseits mit Körpereinsatz versuchen, die Kombattanten zu trennen. Das würde höchstwahrscheinlich nur dazu führen, dass wir auch verletzt, an Händen oder Armen gebissen oder gekratzt werden. Und dann können wir unseren Katzen erst recht nicht mehr helfen. Oft empfehlen Ratgeber, die Tiere zu erschrecken, damit sie voneinander ablassen und davonlaufen. Empfohlen werden hier Händeklatschen, lautes Nein-Rufen oder: ein Kissen in die nächste Nähe der Streithähne zu werfen. Ich habe alle Varianten probiert. Manchmal funktioniert es, manchmal nicht. Die erfolgreichste Methode ist eine akustische: das Fauchen. Ich platziere mich ein bis zwei Meter von den Katzen entfernt und fauche sie laut an – ahme also das Fauchen der Katzen nach. Manchmal reicht es einmal, manchmal fauche ich laut zwei- bis dreimal. Bisher hat es jedes Mal geklappt. Die Katzen erschrecken, gehen auseinander, und entweder beide oder nur eine Katze läuft schnell davon – oft der Gegner, denn meine Katzen haben mich erkannt und bleiben in meiner Nähe.

Katze begrüßen

Haben Sie auch ein besonderes »Begrüßungsritual« entwickelt, das Sie nutzen, wenn Sie morgens oder am Abend beim Nachhausekommen Ihre Katze treffen, um Ihre Beziehung zu pflegen oder sich gegenseitig zu zeigen, wie sehr man den anderen vermisst hat? Eine fremde oder wenig bekannte Katze können Sie oft besser begrüßen, indem Sie typische Katzenbegrüßungsbewegungen nachahmen. Gehen Sie in die Hocke oder setzen Sie sich hin, um sich kleiner zu machen. Wenden Sie sich nicht direkt der Katze zu, sondern setzen Sie sich seitlich zur Katze hin, schauen Sie sie nicht direkt an. Mit leiser, weicher Stimme können Sie dann versuchen, mit ihr zu sprechen. Hier greift der Frequenzcode wieder: Helle Stimme und Laute heißen freundlich; dunkle, tiefe Stimme und Laute heißen aggressiv. Manchmal versuche ich, ein sanftes und helles Gurren zu imitieren, mit steigender Melodie: »Prrrrrriutttt.« Viele der Katzen, mit denen ich das probiere, nähern sich dann, sodass ich sehr langsam eine Hand ausstrecken kann, damit sie schnuppern können. Vielleicht habe ich sogar ein Leckerli dabei, das die Katze dann auch bekommt.

Nein, das darfst du nicht!

Manchmal tun Katzen Dinge, die gefährlich sind oder die wir, aus welchem Grund auch immer, nicht möchten. Mit einem weichem »Neeeein, Süße, ich habe doch gesagt, dass du das nicht darfst« kommen Sie nicht weit. Wirksamer ist es, wenn Sie es mit einem langen tiefen Knurren: »Grrrr«, scharfen Fauchen: »Sch!« oder Spucken: »Tscht!« – mit dazugehöriger Körpersprache (machen Sie sich groß) – versuchen. Das funktioniert bei mir viel besser. Ich habe sogar einen Laut für »Nein!« (ein fauchender Laut) und einen für »Geh weg!« oder »Komm rein!«. Ich gehe dann hinter meinen Katzen – fast wie ein Hütehund – und mache einen besonderen klickenden Laut (schnalze mit der Zunge). Meine Katzen haben sehr schnell begriffen, dass sie bei diesem Laut weg- (oder rein-)laufen sollen. Ich möchte aber betonen, dass ich das nur mit meinen Katzen in meiner Umgebung probiert habe. Wenn ich gegenüber anderen Katzen fauche, könnte es durchaus zu Problemen kommen. Fauchen will also gut überlegt sein. Am besten fragen Sie erst Ihren Tierarzt, Katzen-Psychologen oder -Therapeuten, bevor Sie aggressive Katzenlaute anwenden!

Katze beruhigen

Obwohl viele Menschen es schwer finden, Schnurren zu imitieren, habe ich festgestellt, dass meine Katzen weniger gestresst sind – sich hinlegen, liegen bleiben und die Augen schließen –, wenn ich zu schnurren versuche. Dabei setze ich mich zu ihnen, streichle sie langsam und übe mein Schnurren so langsam und leise wie möglich. Vielleicht bin ich ein klein bisschen besser geworden, aber ich finde immer noch, dass es schwer ist, diesen Laut zu imitieren. Aber wenn Sie mit Ihrer eigenen Stimme mit leisen, sanften, weichen Tönen sprechen, kann das einen vergleichbar wirksamen Effekt haben.

Katzenprobleme im Alltag und mögliche Lösungen

Sie haben es schon bemerkt, und es wurde nicht verschwiegen, dass es bei uns zu Hause nicht nur Zufriedenheit und Glück, sondern auch Probleme und Missverständnisse unter und mit den Katzen gegeben hat. Manche haben sich einfach von selbst aufgelöst. An anderen hatten wir zu knabbern und mussten aktiv Lösungen suchen.

Als unsere erste Katze – der schöne und liebenswürdige Kater Fox – bei uns eingezogen ist, wusste ich fast gar nichts über Katzen. Ich habe am Anfang sehr viele Fehler gemacht, was ich übrigens auch heute noch ab und zu tue, weshalb wir immer noch einige Probleme haben. Doch ich habe auch sehr viel gelernt (aus eigenen Erfahrungen, aus Büchern und anderen Medien), und ich lerne fast täglich Neues über Katzenhaltung und die Kommunikation zwischen Katzen und zwischen Katze und Mensch hinzu. Ich glaube, dass es in jeder Beziehung irgendwann ab und zu Sorgen oder Probleme gibt. Die Herausforderungen, mit denen wir konfrontiert wurden, haben wir oft gemeinsam mit den Katzen bewältigt, das hat unsere Beziehung gestärkt.

Manche Differenzen bestehen bis heute, doch wir haben gelernt, dass es manchmal mehr Zeit braucht, um gewisse Probleme zu lösen, aber dass wir mit einigen geringeren Problemen auch leben können (oder müssen).

Als Vimsan beispielsweise bereits zwei Jahre bei uns wohnte und sich recht gut eingelebt hatte, gewöhnte sie es sich an, im Frühling immer öfter und länger draußen zu bleiben. Den Drillingen gefiel es gar nicht, dass sie so lange wegblieb und danach fremde Gerüche aus den Nachbargärten mitbrachte. Wir haben dies erst nicht gemerkt, muss ich zugeben. Mein Mann Lars und ich waren beide viel zu sehr mit unserer Arbeit beschäftigt und abends sehr müde. Als aber Rocky und Turbo anfingen, Vimsan zu verfolgen und zu attackieren, und ich jeden Tag neue Urinflecken auf dem Fußboden, auf Kissen, Teppichen und Decken, sogar auf der Wand hinter dem Küchenherd entfernen musste, blieb uns nichts anderes übrig, als einzusehen, dass unsere glückliche Familie nicht mehr so glücklich war, wie wir gedacht hatten. In diesem Kapitel werde ich meine Erfahrungen mit Problemen im Umgang mit Katzen mit Ihnen teilen, vielleicht kann ich Ihnen dadurch einige Hinweise geben, die in vergleichbaren Situationen für Sie hilfreich sind. Ich muss aber betonen, dass ich keine Tierärztin, Katzen-Psychologin oder Therapeutin bin. Es gibt bei Katzen keine allgemeingültigen Regeln, sondern es kommt immer auf den Kontext, die Katze(n) und auf den einzelnen Fall an. Ich habe selbst mehrfach von Profis und Experten Hilfe und Rat erhalten. Mit dieser Unterstützung und den Erkenntnissen aus meinen eigenen Erfahrungen konnte ich bisher viele Probleme mit meinen Katzen meistern.

Meine Katze kommt nur zu anderen Familienmitgliedern, aber nie zu mir

Als Vincent bei uns eingezogen ist, hat er mir gegenüber viel Zuneigung gezeigt. Er hat jeden Abend stundenlang schnurrend auf meinem Schoß gelegen und ist morgens und abends oft miauend hinter mir hergelaufen, um mir klarzumachen, dass er jetzt Hunger hatte. Mein Mann Lars sah sich das oft neidisch an, denn obwohl Vincent sich auch von ihm streicheln ließ, ist er nie zu ihm auf den Schoß gekommen. Wir haben oft darüber gesprochen und es darauf zurückgeführt, dass ich den meisten Kontakt und die meiste Interaktion mit Vincent hatte in Situationen, in denen es um seine Bedürfnisse ging. Ich habe Vincent immer gefüttert, gebürstet, sein Klo gereinigt, seine Decken geglättet, wenn sie zerknüllt herumlagen, und andere Dinge für ihn getan. Ich habe auch am meisten mit ihm gespielt und mit ihm gesprochen. Vielleicht war es deswegen verständlich, dass Vincent eher zu mir kam, wenn er etwas wollte.

Dann unternahm ich eine längere Reise mit meinen Mitarbeitern an der Uni (wir waren zwei Wochen in Malaysia und Singapur und haben an sprachwissenschaftlichen Konferenzen und Symposien teilgenommen), Lars war in dieser Zeit allein zu Hause mit Vincent.

Es zeigte sich, dass Vincent schon nach ein paar Tagen ohne mich verstanden hatte, dass Lars auch ein sehr netter Typ war und dass er genauso gut von ihm gefüttert werden und genauso gut auf seinem Schoß ausruhen konnte. Als ich wieder nach Hause kam, haben wir es so eingerichtet, dass ich Vincent morgens fütterte, bürstete und sein Klo säuberte (weil ich oft sowieso früher aufstehe als Lars) und Lars dasselbe abends tat. Danach ist Vincent eine sehr gerechte und unparteiische Katze geworden. Jeden Abend lag er erst eine Stunde bei mir und dann genauso lange bei Lars auf dem Schoß. Nachts lag er oft zwischen uns im Bett, und er kam genauso oft zu Lars wie zu mir, wenn er einen Wunsch hatte oder etwas zeigen wollte. Wir waren endlich überzeugt, dass Vincent uns beide gleich gern hatte.

Tipp: Wenn Ihre Katze auch nur zu einer Person in der Familie geht, probieren Sie, die Aufgaben (Füttern, Spielen, Klo saubermachen) in der Familie zu verteilen, damit die Katze versteht, dass sie von allen in der Familie geliebt wird und Hilfe erwarten kann. Und wenn Ihre Katze nur zu den anderen Familienmitgliedern geht und nicht zu Ihnen, versuchen Sie, ein paar Tage alleine mit der Katze zu sein, und kümmern Sie sich während dieser Zeit besonders viel um sie, spielen und verbringen Sie viel Zeit mit ihr. Wenn Sie etwas Glück haben, könnten Sie und Ihre Katze – genauso wie Vincent und Lars – eine viel engere Beziehung zueinander bekommen.

Meine Katze weckt mich jede Nacht

Vincent zeigte lange Zeit eine schlechte Angewohnheit, als er zu uns kam. In seinem früheren Zuhause hatte er mit einer sehr intelligenten Mitbewohnerin zusammengelebt, einer Kätzin, die ihn jeden Tag schikanierte, bis er vor lauter Angst, aufs Klo zu gehen, eine schlimme Blasenentzündung bekam und sich die ganze Zeit unter dem Sofa versteckte. Schließlich entschlossen wir uns dazu, erst diese Tyrannin (eine wunderschöne, graugestreifte Kätzin namens Kissesson) und einige Zeit danach auch Vincent bei uns aufzunehmen. Inzwischen wohnt Kissesson nicht mehr bei uns; wir haben sie sehr geliebt, und es war sehr schlimm für mich, als sie nach einigen Monaten wieder zu ihrem früheren Frauchen weit weg von uns gezogen ist.

Vincent war inzwischen sehr dick geworden, und sein Tierarzt hatte ihn auf strenge Diät gesetzt. Das hieß, dass er nur zu bestimmten Zeiten eine gewisse Menge Spezialfutter bekam und infolgedessen oft Hunger hatte. Er fing an, sehr früh am Morgen zu miauen und auf unser Bett zu springen, zu gurren und zu schnurren, zu treteln und alles tun, um uns wach zu machen, damit er sein Frühstück bekommen konnte. Er spazierte über unsere Kopfkissen und Gesichter, setzte sich auf unsere Brust und schaute uns ganz intensiv an; und wenn wir immer noch nicht wach wurden, stupste er seinen Kopf gegen unsere Nasen, bis wir wirklich nicht mehr weiterschlafen konnten. Es war keine schöne Art, geweckt zu werden, und wir hatten keine Lust, dasselbe jeden Morgen zu erleben. Was tun?

Ich habe in mehreren Büchern und Fernsehbeiträgen über Heimtierhaltung gelernt, wie wichtig es ist, konsequent zu sein und nicht nachzugeben, wenn das Tier etwas will, was ihm nicht guttut oder mir als Halterin nicht gefällt. Ich sagte mir, dass wir uns in Konsequenz üben mussten, und wir wandten dabei folgende Methode an: Wir schoben die Abendbrotzeit bis kurz vor dem Schlafengehen auf und spielten vor der Nachtruhe ein Stündchen mit Vincent. Er liebte zum Beispiel Kartons und Papiertüten, die er zuerst als Spielhäuschen benutzte und dann kaputt biss. Er hat auch gerne mit Fellbällen (am liebsten schwarzen) gespielt, die wir ihm zuwarfen und die er dann wie kleine Fußbälle quer durchs Wohnzimmer kickte. Dann gingen Lars und ich schlafen und haben uns gegenseitig versprochen, Vincent zu ignorieren, wenn er uns am nächsten Morgen wieder um halb fünf wecken würde.

Am nächsten Morgen wurden wir von unserem Wecker geweckt, erst als wir aufstanden, kam Vincent und wollte sein Frühstück. Endlich konnten wir nachts wieder ruhig schlafen. Natürlich haben wir unser neues Abendritual mit spätem Futter und Spielzeit fortgesetzt. Nur ein paarmal versuchte Vincent noch, uns früher zu wecken, aber als wir nicht darauf reagierten (sondern konsequent so taten, als ob wir ihn nicht hörten oder bemerkten), hat er sich ziemlich schnell wieder hingelegt und gewartet, bis wir aufstanden.

Aus dieser Erfahrung schlau geworden, haben wir diese Methode bei den Drillingen von vornherein angewandt und sie nie sofort nach dem Aufstehen gefüttert, sondern erst nach ein bis zwei Stunden. Und wirklich: Sie haben uns bisher nie frühmorgens geweckt, nur Donna gurrt im Winter ab und zu leise, wenn sie in der Frühe unter die Decke kriechen möchte, weil es da wärmer ist.

Tipp: Wenn Ihre Katze jede Nacht oder sehr früh morgens miaut und Sie weckt, probieren auch Sie, die Futterzeiten zu verändern, und beschäftigen Sie sich eine halbe Stunde vor dem Schlafengehen mit ihr – spielen Sie oder kuscheln Sie ein bisschen mit ihr –, und bleiben Sie konsequent, stehen Sie nicht um halb vier auf, um sie zu füttern (es sei denn, die Katze ist alt oder krank). Ich hoffe, Sie werden damit genauso viel Erfolg haben wie wir.

Meine Katze ist zu dick

Turbo ist der Jüngste von unseren Drillingen. Er wurde von der Dame des lokalen Tierschutzvereins erst einen Tag später als seine Geschwister ganz alleine und leise fiepend in einer Hecke in der Nähe des Schrebergartens, wohin die Katzenmutter ihre Jungen gebracht hatte, gefunden, und seine Mutter hatte nur wenig Milch für ihn.

Seine Geschwister Donna und Rocky waren schon viel größer und drängten ihn oft weg, wenn er nuckeln wollte. Deshalb hat er Extranahrung (erst Milchersatz, später richtiges Futter) bekommen. Als die Drillinge nach vier Monaten zu uns kamen, war der kleine Turbo derjenige, der am meisten Hunger hatte, und so blieb es. Er fraß nicht nur sein eigenes Näpfchen leer, sondern ging danach auch zu den Näpfen seiner Geschwister, um sie zu leeren. Am Anfang haben wir nicht gemerkt, dass er langsam zunahm, denn er war immer noch der Kleinste, aber als die Drillinge größer wurden, konnten wir den Unterschied zwischen Donna und Rocky, die beide schlank waren, und dem runden Turbo nicht mehr übersehen. Sogar unsere Freunde nannten ihn schon »der Dicke«.

Wir haben Spezialfutter für ihn gekauft und die anderen Näpfe sofort entfernt, wenn Donna und Rocky gefressen hatten. Aber Turbo wurde trotzdem immer dicker. Daraufhin gingen wir mit ihm zum Tierarzt und konsultierten eine Diätspezialistin, die uns empfahl, ihn in seiner Transportbox eine Stunde am Tag in den Garten zu stellen, damit er neue Düfte und Eindrücke sammeln konnte und nicht so auf sein Futter fixiert war. Damals ließen wir unsere Drillinge noch nicht raus, denn wir hatten Freunde, die auf der anderen Seite der Straße wohnten und zwei Freigänger-Katzen bei Autounfällen verloren hatten. Das wollten wir auf keinen Fall erleben. Also spielten wir mehr drinnen im Haus mit Turbo und versuchten, auch mit »Futterspielzeugen« seinen Hunger zu dämpfen, zum Beispiel mit einem »Snackball« und einer an den Enden mit Papier verschlossenen Klopapierrolle mit Löchern, aber Turbo nahm trotzdem nicht ab – im Gegenteil. Er fing sogar an, das Futter von seinen Geschwistern zu klauen, bevor sie selbst fertig mit dem Fressen waren. So konnte es nicht weitergehen.

Vielleicht konnten wir mit Turbo an der Leine kleine Spaziergänge machen? Also kaufte ich drei Katzenleinen, gewöhnte alle drei langsam daran, ihr Geschirr zu tragen (natürlich musste Turbos Geschirr am weitesten eingestellt werden!), und ging dann dazu über, auch die Leine daran zu befestigen. Daraufhin habe ich versucht, mit einer Katze nach der anderen einen kurzen Spaziergang in unserem Garten zu machen. Nicht nur mit Turbo, denn ich wollte nicht ungerecht zu den anderen sein, sondern allen dreien die Gelegenheit geben, etwas frische Luft zu schnappen und unseren Garten im Freien zu erleben. Erst hat es richtig Spaß gemacht. Donna war wie immer die Mutige, die gerne schnell laufen und auch in die Hecken reinkriechen wollte, sodass es manchmal schwer war, sie samt Leine wieder herauszuholen. Rocky war sehr vorsichtig, aber ihm schien es zu gefallen, langsam durch den Garten zu spazieren, an den Blumen zu riechen und zu versuchen, den einen oder anderen Schmetterling zu fangen. Auch Turbo schien es zu mögen, draußen zu sein. Er lernte schnell den Weg rund um unser Haus und fand seine Lieblingsplätze (die Bank in der Sonne, das Blumenbeet vor dem Gewächshaus). Der Nachteil war aber, dass es jedes Mal über eine Stunde dauerte, wenn ich mit allen drei Katzen spazieren gehen wollte, und oft reichte meine Zeit dafür ganz einfach nicht aus. Die Katzen wollten auch immer länger draußen bleiben und miauten und drängelten, um als Erste rausgehen zu dürfen, weil es ihnen so gut gefiel, und ich wusste nicht mehr, wo ich die Zeit dafür hernehmen sollte. Leinenspaziergänge waren also nicht die optimale Lösung.

Wieder haben mein Mann und ich lange überlegt und versucht, eine Lösung zu finden. Ich war bereit, die Katzen im Garten freilaufen zu lassen, aber Lars wollte das nicht riskieren. Vielleicht würde es funktionieren, wenn wir einen Teil unseres Gartens mit einem hohen Zaun umschließen würden und auch die Grenzen mit einem tief in der Erde verankerten Hühnerzaun aus Metall sicherten, damit die Katzen nicht rausklettern oder sich rausgraben konnten? Also ließen wir einen drei Meter hohen dichten Zaun (mit maximal fünf Zentimeter großen Löchern) in einem Teil des Gartens zwischen Haus und Gewächshaus errichten. Dem Handwerker sagten wir, dass der Zaun katzensicher sein musste. Den Hühnerzaun vergruben wir dann 30 bis 40 Zentimeter unter dem Zaun. Schließlich kam der Tag, an dem wir zum ersten Mal unsere Katzen rauslassen wollten.

Sie haben es von Anfang an geliebt, draußen zu sein. Erst haben wir sie nur ein Stündchen rausgelassen, wenn wir auch im Garten waren. Es war eine Freude, sie zu beobachten, wie sie herumsprangen und tobten, überall schnupperten oder einfach nur still in einer Ecke saßen. Es war herrlich, zu sehen, dass sie es sehr zu genießen schienen.

Nach einigen Tagen wagten wir es, unsere Katzen auch ohne Aufsicht rauszulassen. Ein paarmal haben sie kleine Lücken im Hühnerzaun gefunden und sich unter dem Zaun hindurch auf die andere Seite gegraben; und wir mussten sie stundenlang suchen, bevor wir sie wieder einfangen konnten. Aber abgesehen von diesen Ausreißversuchen (die Löcher haben wir natürlich gleich repariert), hielten sie sich brav in dem Gehege auf, wo sie auch viel erleben konnten: Pflanzen, Insekten, Sonne, Regen, Schnee, ab und zu eine Nachbarskatze, die auf der anderen Seite des Zaunes auftauchte – alles interessierte sie. Dann hatten wir die Idee, eine Katzenklappe zu installieren, damit sie selbstständig raus- und reinkommen konnten und wir nicht immer die Tür aufmachen mussten. Das hat die Sache tatsächlich ein bisschen erleichtert.

Aber wie ging es mit unserem Vielfraß Turbo weiter? Bestens! Inzwischen ist er viel weniger auf Futter fixiert. Jedes Jahr, wenn wir für die Impfungen und die Gesundheitskontrolle zum Tierarzt gehen, wiegt er ein bisschen weniger. Kurz nachdem die Katzen Freigänger geworden sind, haben wir Turbos Diätfutter gegen normales Futter ausgetauscht, er nahm trotzdem nicht wieder zu. Seine neuen Hobbys sind nun: im Gewächshaus sitzen und Fliegen beobachten, im Garten rumspazieren und ab und zu ein bisschen frisches Gras fressen. Er läuft nicht mehr nach jeder Mahlzeit zu den anderen Näpfen, sondern sofort raus in den Garten, wo er sich auf seine Lieblingsbank setzt und sich lange putzt. Ich kann nicht mehr behaupten, dass Turbo übergewichtig ist, stattdessen würde ich sagen, dass er jetzt eine sehr zufriedene Katze ist.

Tipp: Haben Sie eine übergewichtige Katze? Helfen weder Diäten noch Besuche beim Tierarzt? Versuchen Sie, Ihrer Katze zu helfen, eine spannende Beschäftigung – oder ein Hobby – zu finden. Spielen Sie jeden Tag mit ihr, oder verschaffen Sie ihr Zugang zu neuen Räumen oder dem Garten. Oder probieren Sie ein Aktivitätsspielzeug sowie einen »Snackball« aus oder ein sogenanntes »Fummelbrett« mit vielen Versteckmöglichkeiten für Futter oder Leckerlis. Füllen Sie zum Beispiel eine leere Klopapierrolle mit fünf bis zehn Leckerlis, verkleben Sie die Enden mit Pappe, und stechen Sie kleine Löcher in die Rolle, damit die Leckerlis rausfallen können, wenn die Katze damit spielt. Schauen Sie im Internet oder in Katzenbüchern nach weiteren Beispielen. Alles, was Ihre Katze aktiviert und es für sie schwieriger macht, an ihr Futter zu kommen, wirkt sich positiv auf das Gewicht Ihrer Katze aus.

Meine Katze beißt und kratzt mich

Wir wissen nicht, wo Vimsan herkommt, wo sie aufgewachsen ist und welche Erfahrungen sie mit Menschen gemacht hat, bevor sie zu uns kam. Als ich sie schwer verletzt in unserem Keller gefunden habe, muss sie große Schmerzen gehabt haben. Doch sie hat sich nicht gewehrt, als ich versucht habe, sie zu streicheln, sie schien also an Menschen gewöhnt zu sein. In der Zeit ihrer Genesung wohnte Vimsan in unserem Keller, damit sie ihre Ruhe hatte und nicht ständig unsere anderen Katzen treffen musste. Wir waren oft beim Tierarzt, haben ihre Wunden regelmäßig frisch verbunden, und sie bekam Antibiotika und schmerzstillende Arznei, die sie brav geschluckt hat. Ich saß jeden Morgen und Abend eine Stunde bei ihr; sie legte sich nach dem Fressen auf meinen Schoß, wo sie lange blieb, schnurrte und sich streicheln ließ. Doch einmal habe ich sie gestreichelt, als sie noch vor ihrem Fressnapf saß, und zack – biss sie mich in die Hand. Ich musste zum Arzt, bekam wegen der tiefen und entzündeten Wunde Antibiotika. Fortan wurde ich in meinem Umgang mit Vimsan etwas vorsichtiger.

Als wir sie etwas später den Drillingen vorstellten und sie mit ihnen zusammen im Wohnbereich hielten, haben wir eine Zeit lang versucht, sie hochzuheben, wie wir es oft mit den anderen machten, aber das gefiel ihr überhaupt nicht. Sie schlug mit der Vorderpfote zu, versuchte, mit ihren scharfen Zähnen zuzubeißen, und wedelte intensiv mit ihrem Schwanz. Sie schaffte es dabei noch einmal, mich zu beißen. Wir gaben unsere Versuche, sie hochzuheben, schließlich auf und vermuteten, dass Vimsans Aggressivität vielleicht daran lag, dass sie schlechte Erfahrungen mit Menschen gemacht hatte. Vielleicht war sie oft gegen ihren Willen festgehalten worden, und man hatte ihr vielleicht sogar wehgetan.

Erst viel später ist mir eingefallen, dass es vielleicht auch etwas mit der Geschwindigkeit meiner Bewegungen zu tun haben könnte. Ich hatte ja die Erfahrung gemacht, dass zwei Kontrahenten, die sich nicht mochten, aber einen körperlichen Streit vermeiden wollten, sich mit sehr langsamen Bewegungen im Zeitlupentempo vom Acker machten. Das war ein Signal an den Gegner, keine Verfolgung aufzunehmen und keine Attacke zu starten. Also dachte ich: Wenn ich Vimsan zeigen will, dass ich nicht gefährlich bin, muss ich mich auch langsam bewegen.

Wir sind immer noch beim Trainieren, aber bisher scheint es tatsächlich zu funktionieren. Wenn ich sie mit langsamen Handbewegungen streichle, wehrt sie sich nicht, und sie hat auch nicht mehr versucht, mich zu kratzen oder zu beißen. Wenn ich aber mit einer schnellen Bewegung ihr Fell streichle, dreht sie sich sofort zu mir um und schlägt mit der Pfote in die Luft, wie um zu zeigen, dass es jetzt reicht und sie nicht will. Wir trainieren aber jeden Tag, und ich spreche sanft mit ihr, wiederhole die gleichen langsamen Bewegungen, und ich glaube, dass wir mit ein wenig Geduld und Übung bestimmt beide lernen, wie wir gut miteinander umgehen können. Mein Mann Lars kann sie jetzt schon ohne Probleme auf seinen Schoß hochheben, wenn sie ihren Körper gegen seine Beine reibt. Auch wenn ich Vimsan neue Fähigkeiten beibringe, zum Beispiel selber in die Transportbox zu gehen, mache ich das mit viel Geduld, vielen Belohnungen (zum Beispiel Leckerlis), sanftem Sprechen und sehr langsamen Bewegungen.

Tipp: Wenn Ihre Katze Sie beißt und kratzt, versuchen Sie es auch mit einer großen Portion Geduld und sehr langsamen Bewegungen, wenn Sie sie streicheln oder hochheben wollen. Bitte wenden Sie sich erst an einen Tierarzt, Katzen-Psychologen oder -Therapeuten. Denn es gibt keine allgemeingültigen Regeln. Lassen Sie ihr Zeit, sich an Ihre Hände (oder Handschuhe) zu gewöhnen, und benutzen Sie niemals Ihre Hände als Beiß- oder Kratzspielzeuge. Ich hoffe, es wird mit Ihrer Katze so gut wie mit unserer Vimsan funktionieren.

Meine Katze kommt nicht mit anderen Katzen klar

Wir haben schon früh gemerkt, dass Vimsan nicht gerne mit anderen Katzen zu tun hat. Wenn sie zu uns auf den Schoß wollte und einer der Drillinge schon dalag, fauchte sie und lief schnell davon, als ob sie Angst hätte oder sauer wäre. Dann wurde es Frühling und wärmer,

und Vimsan lernte, den hohen Zaun im Garten hochzuklettern, damit sie raus aus unserem Garten und weg
von den anderen Katzen kommen konnte. Den ganzen
Tag stromerte sie umher und kam nur abends zum
Fressen zurück. Tag für Tag kletterte sie über den Zaun
und lief in die Nachbargärten, oft hörten wir sie grollen,
heulen und kreischen. Wenn wir zu ihr liefen, fanden
wir sie meist mit Kompis oder Grauweiß in aggressiven Situationen. Auch zu Hause funktionierte es nach
einer Weile nicht mehr so gut zwischen Vimsan und
den anderen drei. Besonders Rocky und Turbo mochten sie immer weniger, verfolgten und attackierten sie
manchmal sogar.

Vimsan blieb daraufhin immer länger draußen.
Wenn sie abends wieder nach Hause kam, brachte sie
fremde Düfte mit ins Haus, vielleicht von einer Pflanze
im Nachbargarten oder von einem Ort, den sie neu entdeckt hatte. Diese fremden Düfte machten sie Rocky
und Turbo noch verdächtiger, es wurde immer schlimmer. Auch gegenüber uns wurde Vimsan zurückhalten-
der. Sie wollte nicht mehr gestreichelt werden und lief
sofort nach dem Fressen zu ihrem Lieblingsplatz, einem
hohen Regal, in das sie sich gerne setzte, weil sie dort
nicht aus dem Hinterhalt überfallen werden konnte.
Als wir vier Tage in den Urlaub fuhren, trennten wir in
dieser Zeit sicherheitshalber die Katzen. Die Drillinge
bekamen das Haus außer der Küche für sich (durften
aber nicht raus), und Vimsan bekam von den Katzen-
sittern ihr Futter in der Küche, konnte sich ansonsten

im Garten aufhalten und durch die Klappe in der Küchentür rein und raus, wie sie wollte.

Nach unserer Rückkehr überlegten Lars und ich, wie wir jetzt am besten vorgehen konnten. Obwohl Vimsan eine Zeit lang ziemlich gut mit den anderen Katzen zusammengelebt hatte, hatte sich das Verhältnis nun wieder verschlechtert; es war uns klar, dass sich Vimsan und die Kater nicht mehr mochten und immer öfter stritten. Die Frage war: Konnte Vimsan einen Teil unseres Hauses für sich bekommen, ohne dass sie oder die anderen Katzen auf ihr Freigängerleben verzichten mussten? Gott sei Dank haben wir ein großes Haus, also konnte Vimsan in ihre eigene »Dreizimmerwohnung« ziehen, wo sie ihre Lieblingsspielzeuge, die Katzenklos (sie hat zwei: eines für Harn, eines für Stuhl), Decken und Körbe und ihren sicheren Futterplatz nur für sich bekam; sie konnte sogar durch ein Fenster auf unseren Gartenzaun gelangen, der raus zu den Nachbargärten führte. Sie brauchte also nicht mal mehr den Zaun hochzuklettern.

Das Ergebnis zeigte sich fast sofort. Obwohl die Tür zwischen Vimsans »Wohnung« und dem Rest des Hauses immer geschlossen blieb, bemerkten wir erleichtert, dass die Jungs und Vimsan viel ruhiger und entspannter wurden. Ich bin jeden Morgen zu Vimsan reingegangen, habe sie gefüttert und rausgelassen, wobei sie oft gleich zurückkam, wenn sie merkte, dass ich mein Frühstück bei ihr gegessen habe. Dann sprang sie auf meinen Schoß, rollte sich gemütlich zusammen und lag lange schnurrend bei mir. Das war ein riesengroßer Unterschied, denn zuvor hatte sie sich kaum um uns Menschen gekümmert. Jeden Abend aßen wir bei ihr Abendbrot, spielten oder kuschelten zwei bis drei Stunden mit ihr, was ihr sehr gefiel und sie immer liebevoller und geselliger werden ließ.

Wir stellten uns die Frage, ob wir nicht doch mal einen Versuch starten sollten, Vimsan unseren Drillingen näherzubringen. Wir sind bis jetzt noch zu keiner wirklichen Entscheidung gekommen, denn es würde viel Geduld und Arbeit von uns verlangen, doch der Ausgang (ob es gelingt oder nicht) bliebe dennoch ungewiss. Manche Katzen mögen eben keine Artgenossen, vielleicht ist die Vimsan eine davon. Wir haben jetzt eine neue Katzenklappe für Vimsan gekauft, damit sie auch ohne unsere Hilfe rein und raus kann. Diese Raumtrennung ist inzwischen zur Routine geworden. Die Drillinge wissen mittlerweile, dass ich jeden Morgen in den anderen Wohnbereich verschwinde und dass mein Mann Lars und ich dasselbe jeden Abend tun. Sie gehen dann einfach raus oder legen sich irgendwo schlafen, bis wir wiederkommen. Momentan belassen wir es dabei und verschieben die Überlegung, ob und wie wir Vimsan und die Drillinge wieder zusammenführen können, auf einen späteren Zeitpunkt.

Kompis war am Anfang eine Gartenkatze. Obwohl wir ihn wegen seiner Verletzungen zum Tierarzt gebracht, ihn geimpft und gechippt hatten, trauten wir uns nicht, ihn den anderen Katzen vorzustellen. Als Kompis an einem kühlen Abend in unserer Diele sein Fressen bekommen hatte und auf seiner Lieblingsdecke lag, habe ich es gewagt, Rocky unter meiner Aufsicht zu ihm zu lassen. Schließlich hatten sie sich oft diesseits und jenseits unseres Gartenzauns getroffen und ziemlich dicht nebeneinandergelegen (eben durch den Zaun getrennt), ohne zu knurren oder zu heulen. Rocky – der vorsichtige und ängstliche Kater in unserer Familie – hatte Kompis schon durch das Fenster in der Tür gesehen und freute sich, als ich die Tür aufmachte. Mit hoch erhobenem Schwanz lief er direkt auf Kompis zu, als ob er ihn begrüßen wollte. Ich hielt den Atem an: Wurden Rocky und Kompis jetzt Freunde? Aber als Kompis Rocky sah, bekam er es mit der Angst zu tun und versteckte sich unter einem Stuhl. Natürlich trug ich Rocky sofort wieder raus, ging dann wieder zu Kompis rein, um ihm zu versprechen, dass er keine anderen Katzen zu treffen brauchte, wenn er es nicht selber wollte.

Und so ist es bis heute geblieben. Kompis hat seine »Wohnung« in der verhältnismäßig großen Diele mit der Gästetoilette und schläft oft auf seinem Lieblingshocker. Wir haben auch für ihn jetzt eine Katzenklappe montiert, die auf den Code in seinem Chip reagiert, damit er jederzeit rein und raus kann, aber keine fremden Katzen reinkommen können. Wenn er abends reinkommt, setzen Lars und ich uns oft eine Weile in die Diele und reden mit Kompis. Er ist ein sehr geselliger Kater, der gerne mit uns zusammen ist, nicht nur im Garten, sondern auch im Haus.

Tipp: Wenn Ihre Katzen nicht miteinander klarkommen, können Sie versuchen, sie eine Zeit lang zu trennen, und sehen, ob es besser wird. Nach ein paar Wochen oder Monaten könnten Sie dann wieder probieren, sie zusammenzuführen, aber erkundigen Sie sich bitte erst bei einem Tierarzt, Katzen-Psychologen oder -Therapeuten. Viele Experten empfehlen, in dieser Reihenfolge vorzugehen: erst mit Riechen (Decken und Körbe wechseln und versuchen, einen gemeinsamen Gruppengeruch herzustellen), dann mit Hören (durch geschlossene und dann ganz wenig geöffnete Tür), dann mit Sehen (am besten eine Gittertür benutzen, damit die Katzen sich sehen, hören und riechen können, aber nicht angreifen). Versuchen Sie dann, gute Erfahrungen und Erlebnisse hervorzurufen, indem Sie Futter, Leckerlis und Spielzeuge anbieten, wenn die Katzen ruhig und ohne aggressives Verhalten zu beiden Seiten der Gittertür sitzen. Wenn alles gut geht, können Sie zum Schluss die Gittertür unter Ihrer Aufsicht jeden Tag für kurze Zeit öffnen. Aber seien Sie bitte geduldig, und bereiten Sie sich darauf vor, dass es möglicherweise auch nicht gut gehen könnte.

Meine Katze pinkelt überallhin

Als Vimsan noch mit den Drillingen zusammengelebt hat, haben wir bemerkt, dass eine der Katzen mehrfach danebengepinkelt hat. Wir haben zunächst Vimsan verdächtigt, denn sie pinkelte manchmal in unser Waschbecken im Badezimmer oder in der Küche. Wir nahmen an, dass sie das tat, weil ihre ehemaligen Menschen ihr Klo nicht oft genug gereinigt hatten oder vielleicht gar keines für sie besaßen und sie deswegen ins Waschbecken pinkeln musste. Solange es nur ins Waschbecken floss, war es ja halb so wild. Aber als wir auf unseren Teppichen, auf dem Parkettfußboden, auf sauberer Wäsche, im Katzenkörbchen und sogar auf dem Herd in der Küche Pfützen fanden und wir manchmal sogar danach suchen mussten, weil es ein wenig nach Urin roch, wir aber nicht genau orten konnten, wo der Fleck war (einmal haben wir sogar nach tagelangem Suchen in einer Plastiktüte auf einem Regal eine kleine Pfütze gefunden!), fingen wir an, auch die anderen Katzen zu verdächtigen.

Außerdem hatte Vimsan gar keinen Grund mehr, in die Wohnung zu machen, denn sie war fast den ganzen Tag draußen unterwegs und konnte im Nachbargarten ihr Geschäft verrichten. Und: Schon bevor Vimsan zu uns kam, hatten wir ein paarmal Kot auf einem Teppich im Spielzimmer gefunden. Wir nahmen damals an, dass dies vom ängstlichen Rocky stammte, der vielleicht vor einem Geräusch auf der Straße Angst bekommen hatte und dem deswegen dieser »Ausrutscher« passiert war.

Mit diesem Problem konfrontiert, gingen wir auf die Suche nach Hinweisen und Tipps, wie dem abzuhelfen war. Im Internet und in Büchern wurden wir fündig:

Wir haben viel darüber gelesen, wieso Katzen unsauber werden, und viele hilfreiche Tipps ausprobiert. Wir haben neue Katzentoiletten gekauft (damit wir für vier Katzen sechs Katzenklos hatten), andere Katzenstreusorten probiert, die Klos auf verschiedene Plätze gestellt (zwei unten im Haus, drei im Obergeschoss, gut verteilt auf sicheren Plätzen, wo sich ungestört das Geschäft verrichten ließ) und dann sogar noch ein zusätzliches Klo auf die Stelle der letzten Pfütze. Wir haben alle vier Katzen zum Tierarzt gebracht, um zu sehen, ob vielleicht eine Blasenentzündung der Grund sein könnte. Nachts haben wir die Katzen alle getrennt, um zu sehen, in welchen Bereichen am nächsten Morgen eventuell neue Pfützen auftauchten. Einmal haben wir Rocky auf frischer Tat ertappt, als er gerade auf den Fußabtreter vor der Haustür gepinkelt hatte und kratzend mit dem Versuch beschäftigt war, die Pfütze zu verstecken.

Wieder gingen wir mit Rocky zum Tierarzt, und jetzt sagte dieser, dass es sich mit 99-prozentiger Sicherheit um ein Verhaltensproblem handle. Rocky markierte mit Harn sein Revier, weil er Vimsan nicht in seiner Nähe haben wollte. Der Tierarzt schlug vor, für Vimsan ein neues Zuhause zu finden. Aber wir liebten alle vier Katzen gleichermaßen (auch wenn sie danebenpinkelten) und fingen an, nach alternativen Lösungen zu suchen. Sollte Vimsan wieder in den Keller ziehen? Aber da kamen wir ja so selten hin, sie würde sich sicher einsam fühlen, und wir wüssten nie, ob sie zu Hause oder draußen wäre. Wir waren etwas ratlos. Inzwischen wurde es mit dem Pinkeln immer schlimmer, selten fanden wir Pfützen auf dem gleichen Platz, sondern jedes Mal woanders. Jeden Morgen und Abend gingen wir schnuppernd durch das Haus, um herauszufinden, wo sich vielleicht noch die eine oder andere Pfütze verbergen mochte. Es war keine schöne Zeit, und an einem Samstag, als ich neun (!) neue Pipiflecken entdeckte, hatte ich die Nase voll. Jetzt musste etwas geschehen!

Dieses Geschehen spielte sich zeitgleich mit dem im vorigen Abschnitt geschilderten ab. Als wir für Vimsan ihre »Dreizimmerwohnung« eingerichtet hatten und merkten, wie sie und die Drillinge ruhiger wurden, hörte wie durch ein Wunder auch das Danebenpinkeln auf. Eine Zeit lang haben wir noch »alte Flecken« gefunden, aber dann plötzlich gar keine mehr. Wir hatten es geschafft! Und obwohl Vimsan nun nicht mehr zusammen mit den anderen Katzen lebte, ging es allen Katzen – und uns auch – viel besser.

Wie gesagt, derzeit warten wir lieber noch ab, bevor wir entscheiden, ob wir nicht trotzdem noch mal versuchen, die Katzen zusammenzubringen. Aber wenn wir das probieren, müssen wir sehr vorsichtig sein und vielleicht Hilfe von einem Katzenverhaltensexperten in Anspruch nehmen. Vielleicht probieren wir es auch mit Klickertraining (diesen Tipp habe ich von der Katzenexpertin und Verhaltensberaterin Birga Dexel (2014) auf einem Katzenkongress in Österreich bekommen, und sie hat viele gute Erfahrungen mit Klickertraining gemacht). Dabei konditioniert man die Tiere auf ein bestimmtes

Geräusch, das durch einen Klicker, so eine Art Knack-frosch, erzeugt wird, bei dem die Katzen konsequent belohnt werden und neue Sachen lernen, zum Beispiel, dass es eigentlich ganz nett ist, wenn alle zusammenleben.

Hilfe – mir ist eine fremde Katze zugelaufen!

Es gab auch Probleme, die wir nicht lösen konnten. Den wunderschönen, aber sehr kranken Kater Rot, der einige Jahre jeden Tag zu uns in den Garten kam und von uns gefüttert wurde, konnten wir nicht retten, weil wir viel zu lange gewartet haben. Wenn wir ihn früher zum Tier-arzt gebracht und uns eher bei dem Verein für heim-lose Katzen gemeldet hätten, wäre er vielleicht noch am Leben und könnte ein schönes Leben auf dem Lande ge-nießen. Warum nur haben wir so lange geglaubt, dass er ein Zuhause hat, wo sich jemand um ihn kümmert? Sind wir Menschen in unserer Wahrnehmung so einge-schränkt, dass wir nicht merken, wenn es einer Katze schlecht geht?

Nach der Erfahrung mit Rot habe ich oft darüber nachgedacht, wie wir achtsamer werden können, um schneller zu registrieren, dass eine Katze aus der Nach-barschaft krank oder weggelaufen ist und nicht wieder zurückfindet oder heimatlos herumirrt. Und was können wir tun, um diesen Katzen zu helfen? Dazu gleich mehr.

Ein anderes Problem stellt sich, wenn ein Katzen-halter seine Katze aus irgendwelchen Gründen nicht behalten kann. Vielleicht ist jemand in der Familie allergisch geworden, oder der Katzenhalter muss in eine Wohnung umziehen, in der keine Katzen erlaubt sind. Gründe können auch eine Erkrankung des Menschen sein oder ein beruflicher Wechsel, der Katzenhaltung aus Zeitgründen unmöglich macht.

Es gibt viele Bücher und Internetquellen, in denen man sich Rat zu diesem Thema holen kann. Ich habe dort einiges Wissenswertes erfahren und konnte auch ein paarmal Katzen helfen, obwohl ich sie nicht selber übernehmen konnte. Bei fünf Katzen ist unsere Obergrenze erreicht; obwohl wir im Moment drei »Wohnungen« für unsere Katzen haben, wagen wir es nicht, noch mehr Katzen aufzunehmen. Die Zeit für mehr Katzen (und mehr Katzenprobleme) haben wir im Moment nicht. Ich habe aber gemerkt, dass ich oft auch mit kleinen Mitteln vielen Katzen helfen kann.

Die Katze hat in unserer Gesellschaft einen niedrigen Status. Eine junge Katze kann man oft gratis bekommen (für einen Hund dagegen muss man eine ordentliche Summe bezahlen), und viele denken deshalb nicht vorher nach, wenn sie sich eine Katze besorgen, und wissen wenig über ihre Bedürfnisse. Leider impfen, kastrieren und chippen viele Katzenhalter die Tiere nicht. Eine ungechippte Katze lässt sich schwer mit ihrem Halter wiedervereinigen, wenn sie von zu Hause weggelaufen ist. Unkastrierte Katzen – ob heimatlos oder Familienkatzen – führen schnell zu noch mehr heimatlosen Katzen.

Ein großer Dank gebührt allen Tierheimen und Tier-schutzvereinen. Sie verrichten einen sehr wichtigen Job, denn wegen des niedrigen Status der Katze denken viele, dass es nichts ausmacht, ein Tier, das nicht mehr jung und süß ist, einfach vor die Tür zu setzen, und dass es schon irgendwie alleine zurechtkommt. Aber das tut es nicht! Vor allem nicht, wenn das Tier es anders kennt. Jede einzelne Katze braucht täglich Futter, Wasser und ein warmes, trockenes Zuhause, wo sie sich sicher und wohl fühlt. Sie muss regelmäßig zum Tierarzt für Imp-fungen und Gesundheitskontrollen, und wenn sie krank wird, braucht sie jemanden, der sich um sie kümmert und sie pflegt, bis sie wieder gesund ist.

Die meisten Tier- und Katzenheime sind überfüllt und können keine neuen Gäste mehr aufnehmen, aber sie haben oft Wartelisten, und wenn Katzenhaltung un-möglich wird, kann man sich auf jeden Fall einen Platz auf der Warteliste sichern. Mein Mann und ich spenden regelmäßig etwas für Katzenheime, egal, ob wir Geld überweisen oder etwas in eine Sammelbüchse im Super-markt werfen, denn wir haben mit eigenen Augen ge-sehen, dass Tierheime wirklich für viele Katzen den Unterschied zwischen Leben und Tod bedeuten können. Setzen Sie bitte niemals eine Katze einfach vor die Tür. Finden Sie eine alternative Unterkunft in einem Tier-heim, bis man für die Katze ein neues Zuhause gefun-den hat. Damit retten Sie ihr wahrscheinlich das Leben.

Als wir schon einige Monate mit unseren Drillingen zusammenwohnten, kam ein schöner grauer, kastrierter

Kater zu uns in den Garten und bat um Futter. Er schien an Menschen gewöhnt zu sein und fraß die übrig gebliebenen Reste von Grauweiß' Frühstück. Natürlich bekam er von uns auch extra Futter und Wasser, denn wir wussten, dass man einer fremden und hungrigen Katze erst mal etwas zu fressen geben soll, bevor man die Polizei und den lokalen Tierschutzverein kontaktiert, um eine Lösung zu finden. Es war Sommer und recht warm. Der Kleine Grau, wie wir ihn nannten, schlief in unserem Gartenzelt auf einer Decke in unserer Nähe. Er war zärtlich und kam oft zu uns auf den Schoß. Wir haben ihn dann entwurmt und gegen Zecken und Katzenflöhe behandelt, damit er unsere Katzen nicht ansteckte. Sicherheitshalber wuschen wir uns nach jedem Umgang mit dem Kleinen Grau unsere Hände. Als eine Dame vom Tierschutzverein kurz danach zu Besuch kam, um zu sehen, wie es Donna, Rocky und Turbo ging, habe ich sie gefragt, wie wir nun vorgehen sollten. Die Polizei wusste von keinem Eigentümer, der einen grauen Kater als vermisst gemeldet hatte, und die Anzeigen, die wir bei unserem Tierarzt und in Läden in der Nähe aufgehängt hatten, brachten auch kein Ergebnis.

Es stellte sich heraus, dass die erste Vorsitzende des Tierschutzvereins der lokalen Zeitung in Kürze ein Interview geben sollte, und sie schlug vor, dabei auch etwas über den Kleinen Grau zu erzählen. Am nächsten Tag erschien der Artikel, bereits nach zwei Tagen meldete sich die Vorsitzende und sagte, sie habe vielleicht den Halter des Kleinen Grau gefunden. Als der Halter

mit seiner Transportbox zu uns in den Garten kam, erkannte ihn der Kleine Grau sofort, und es wurde ein
schönes Wiedersehen.

Der Halter, der allein mit seiner Katze lebte, war
krank geworden und musste für zwei Wochen ins Kran-
kenhaus. Als der Katzensitter den Kleinen Grau füttern
wollte, schlüpfte dieser unbemerkt raus, konnte aber
nicht wieder reinkommen, denn das Fenster, sein üb-
licher Rückkehrweg, war geschlossen. Also blieb dem
Kleinen Grau nichts anderes übrig, als woanders etwas
zu fressen und vielleicht einen Schlafplatz zu finden. Na,
da war er bei uns an der richtigen Adresse gewesen. Wir
waren froh, dass wir dem netten Kleinen Grau helfen
konnten, wieder nach Hause zu kommen.

Letzten Sommer gab es im August eine Hitzewelle,
wir saßen oft bis spätabends im Garten, wo uns Kompis
Gesellschaft leistete. Er saß auf unserem Schoß, schlief
auf seiner Decke oder spielte mit uns Boule oder mit
Zweigen und langen Grashalmen, denen er gerne
hinterherjagte, wenn wir sie bewegten. Wir merkten
eines Abends, dass er immer wieder in unseren großen
Rhododendronbusch schaute, und als ich genauer hin-
sah, entdeckte ich dort eine langhaarige graue Katze mit
weißer Schnauze und Brust. Wir dachten erst, dass es
eine neue Nachbarskatze sei, und haben sie dort sitzen
lassen.

Aber dann tauchte diese Katze auch am nächsten
und übernächsten Abend im Garten auf. Kompis und er
(wir nahmen an, dass es ein Kater war, denn er war

ziemlich groß) beobachteten sich gegenseitig und heulten sich manchmal an. Immer wenn wir ihm Futter hinstellten, fraß er alles sofort auf und bat um mehr. Obwohl er vor Kompis Angst hatte, wagte er sich manchmal aus seinem Rhododendron heraus, und wir durften ihn streicheln und auf den Schoß heben. Sein Fell war voller Knoten, aber er schien früher ein gutes Zuhause gehabt zu haben. Wir hängten wieder beim Tierarzt und in den Läden Suchanzeigen auf. Weil es eine Rassekatze war, ließen wir beim Tierarzt kontrollieren, ob sie gechippt war. Dort erfuhren wir, dass es schon eine Vermisstenanzeige gab mit einer Beschreibung, die auf unser Findelkind zutraf. Die Anzeige kam von einem Halter, der aus Versehen das Fenster offen gelassen hatte, woraufhin die Katze abgehauen war. Da sie aber kein Freigänger war, bekam sie wohl Angst, lief davon und verirrte sich. Der Halter war verzweifelt, denn die Katze war schon über eine Woche verschwunden.

Wir haben dem grauen, langhaarigen Kater am Abend in unserem Keller ein schönes Zimmer mit Katzentoilette, Wasser und Futter eingerichtet und sind gleich am nächsten Morgen mit ihm zum Tierarzt gefahren. »Ich rufe den Halter gleich an und frage, ob er herkommen kann«, sagte die Tierpflegerin. Nach wenigen Minuten kam er, erkannte seine Katze sofort wieder und war sehr glücklich. Ich habe ihm unsere Transportbox ausgeliehen, damit er seinen Kis nach Hause bringen konnte, und als seine Frau und Tochter eine Stunde später die leere Box zu uns zurückbrachten, hatten sie eine große Schachtel Schokolade dabei als Dankeschön. Wir waren glücklich, dass die Katze wieder in ihr Zuhause zurückkehren konnte … und unser Kompis war glücklich, dass er seinen Garten wieder für sich allein hatte.

Letzten Herbst kam erneut eine fremde Katze in den Garten. Dieses Mal war es ein junger braunweißer, unkastrierter Kater, und er kam überhaupt nicht mit Kompis zurecht. Es kam immer wieder zu körperlichen Auseinandersetzungen, nachts heulten und knurrten beide so laut und lange, dass wir oft rausgehen und Kompis ins Haus bringen mussten, damit wir weiterschlafen konnten. Wieder gingen wir zunächst davon aus, dass es eine neue Nachbarskatze, ein Kater sei, denn er war oft zwei bis drei Tage weg, kam dann wieder und schien keinen großen Hunger zu haben. Wir hofften, dass er bald kastriert werden würde und dass es dann weniger Streit gäbe, denn wir machten uns um Kompis Sorgen, der oft mit Kratz- und Bisswunden im Gesicht nach Hause kam. Es war klar: Er mochte diese neue Katze überhaupt nicht. Ein paarmal haben wir ihn sogar aus unserem Garten gejagt, wenn er besonders rau mit Kompis umging. Danach hatte ich aber ein sehr schlechtes Gewissen, denn mir schwante langsam, dass der neue Kater vielleicht doch kein Zuhause hatte. Ich begann, ihn sorgfältiger zu beobachten, und merkte, dass er regelmäßig Kompis' Futternapf, den wir in einer kleinen Gartenbude deponiert hatten, leerte. Ich stellte auch fest, dass sein Fell nicht mehr so schön glänzend war und dass er ab und zu nachts draußen auf Kompis' Platz schlief, wenn dieser drinnen im Haus übernachtete.

Wieder hängten wir Anzeigen auf und informierten die Polizei. Gleichzeitig überlegten wir, ob wir nicht doch versuchen sollten, diese neue Katze bei uns in der Familie aufzunehmen. Wir hatten aber genug mit den Problemen unserer eigenen Katzen zu tun und sahen ein, dass es keine gute Idee war, noch eine neue Katze zu den anderen zu gesellen, zumal der Neue nicht nur Kompis, sondern auch unsere Vimsan verprügelte.

Schließlich schrieb ich eine E-Mail an ein Katzenheim in unserer Nähe und fragte, ob sie den Kater auf die Warteliste setzen könnten. Am nächsten Tag kam schon eine Antwort mit einer guten Nachricht: »Wir haben gerade für viele unserer Katzen ein neues Heim gefunden und deshalb jetzt schon einen Platz frei. Wann können Sie ihn bringen?« An diesem Abend waren es minus 16 Grad. Daher war es kein Problem, den neuen Kater mit Futter in unseren Keller zu locken. Ich durfte ihn streicheln, saß den ganzen Abend bei ihm und war glücklich, dass er endlich ein neues, warmes Zuhause bekommen würde und nicht den langen kalten Winter über draußen in unserem Garten leben musste.

Am nächsten Morgen haben wir ihn ins Katzenheim gebracht. Es war das erste Mal, dass ich ein solches besuchte, obwohl ich schon viele im Fernsehen gesehen hatte. Es war ein sehr schönes, gut gepflegtes Heim mit großen Räumen für jede Katze, und es war warm. Die Leiterin hatte sein Zimmer schon vorbereitet mit warmen Decken und drei verschiedenen Sorten Futter: »Wir wissen ja noch nicht, was er am liebsten mag.« Als ich ihn in sein Zimmer entließ, ging sie zu ihm und durfte ihn streicheln. Sie meinte: »Es ist eine sehr nette Katze. Ich glaube, wir werden keine Probleme haben, ein neues Zuhause für sie zu finden.« Wir haben dann zusammen mit der Heimleiterin eine Anzeige für die Website des Katzenheims erstellt und boten an, den Tierarzt (Impfungen, Kastrierung) zu bezahlen. Schon zwei Monate später erfuhren wir, dass Teddy (so wurde er fortan genannt) ein neues Zuhause gefunden hatte. Wir denken immer noch oft an Teddy und sind so froh, dass die Sache für ihn gut ausgegangen ist.

Was können Sie also tun, wenn Sie eine Katze finden, die kein Zuhause zu haben scheint? Ich würde zuerst testen, ob sie Hunger hat. Gefüttert werden muss sie allerdings nur, wenn sicher ist, dass es sich nicht um eine Nachbarskatze handelt, die nur in Ihrem Garten zu Besuch ist. Im Winter (bei Frostgraden) würde ich etwas Speiseöl ins (warme) Trinkwasser geben, damit es nicht so schnell einfriert. Wenn es eine erschöpfte, verletzte oder kranke Katze ist, holen Sie sie besser ins Haus. Wenn es eine gesunde, gut gepflegte Katze ist, kann man sie auch erst mal beobachten und draußen lassen, wenn die Umgebung sicher ist. Junge Katzen sollten erst reingeholt werden, nachdem sehr sorgfältig nach ihrer Mutter gesucht wurde. Keinesfalls sollten Sie die Mutter von ihren Jungen trennen. Verletzte oder kranke Katzen bringt man möglichst schnell zum Tierarzt, gesunden

Tieren bietet man einen vor Wind und Wetter geschützten Platz mit einer kuscheligen Decke an. Ich würde auch versuchen, so viel Kontakt wie möglich mit der Katze herzustellen. Beobachten Sie, wie sie auf Menschen reagiert, ob sie Schmerzen hat, trächtig ist oder besondere Verhaltensweisen zeigt. Ich empfehle, jede neue Katze getrennt von den eigenen zu halten, damit keine Krankheiten übertragen werden können.

Danach überlegen Sie, wie Sie dem Findling am besten helfen können. Ich würde im Internet nach Websites suchen, die Informationen enthalten, wie man am besten in der jeweiligen Region vorgeht, wenn man einer heimatlosen Katze helfen will. Bei welcher Polizeistelle kann man anrufen? Welche Tierschutzvereine oder Katzenheime gibt es in der Nähe, die vielleicht helfen können?

Erstellen Sie Anzeigen mit einem Foto und hängen Sie diese in Ihrem Wohnumfeld und in den umliegenden Läden auf. Bringen Sie die Katze zum Tierarzt, um zu kontrollieren, ob sie gechippt ist. Wenn die Katze ein Halsband hat, suchen Sie nach der Telefonnummer oder Adresse des Halters. Einer Katze ohne Halsband würde ich ein solches kaufen und eine kleine Mitteilung mit der Angabe Ihrer Handynummer am Halsband befestigen: »Ist dies Ihre Katze? Bitte melden Sie sich bei …« Wenn sich kein Frauchen oder Herrchen meldet, setzen Sie die Katze am besten auf die Warteliste eines Katzenheims und helfen mit Futter, Wasser, etwas Gesellschaft und Schutz aus, bis sie einen Platz bekommt.

Wenn Sie einer heimatlosen Katze nur ein bisschen von Ihrer Geduld und Zeit schenken, können Sie ihr helfen, ein neues, besseres Zuhause zu finden. Es ist eigentlich nicht besonders schwer, aber Sie retten ihr damit vielleicht das Leben.

So, jetzt ist dieses Buch wirklich bald zu Ende. Ich hoffe, Sie hatten Spaß beim Lesen und haben vielleicht auch etwas über Katzenkommunikation erfahren, das Sie vorher nicht wussten.

Mir hat es auf jeden Fall riesig Spaß gemacht, dieses Buch zu schreiben, und ich habe gelacht – und auch geweint –, als ich meine eigenen Erfahrungen mit Katzen erneut erlebte, indem ich sie zu Papier gebracht habe. Katzen sind wunderbare Tiere, die uns sehr viel Freude machen – und wenn wir lernen, besser miteinander zu kommunizieren, kann unsere Beziehung nur besser werden.

Studien und Projekte

Obwohl dieses Buch keine wissenschaftliche Abhandlung ist und das auch gar nicht sein soll, kann ich es nicht lassen, Ihnen noch etwas über die Ergebnisse meiner bisherigen Untersuchungen von Katzenlauten zu berichten. Sie werden sehen, dass es gar nicht so schwer ist, eine kleine Studie durchzuführen. Die besten Werkzeuge, die dem Phonetiker zur Verfügung stehen, sind die eigenen Ohren. Und dann noch ein Tonaufnahmegerät (zum Beispiel ein Handy oder eine Videokamera mit Tonaufnahmemöglichkeit), welches es ermöglicht, jeden aufgezeichneten Laut mehrmals sorgfältig anzuhören. Das reicht schon, um einigen Geheimnissen der Katzensprache auf die Spur zu kommen. So können Sie schon viel über die phonetischen Eigenschaften und ihre wahrscheinliche Bedeutung lernen.

In diesem Kapitel werde ich Ihnen meine bisherigen phonetischen Studien präsentieren.

Ich habe sie in meiner Freizeit – abends und an den Wochenenden – gemacht, weil ich ja tagsüber mit meiner Arbeit als Phonetik-Lehrerin und Forscherin an der Universität in Lund beschäftigt war. Mein primäres Ziel war es, meine erste Neugier zu stillen und mehr über diese für mich damals noch sehr mystischen Katzenlaute zu lernen.

Mit meinen Beschreibungen der Studien möchte ich Sie inspirieren, sich darauf einzulassen – jeder kann mit einfachen Mitteln und ein bisschen Interesse, Zeit und Geduld Katzenlaute untersuchen. Wenn es Ihnen aber zu wissenschaftlich oder zu langweilig wird – kein Problem. Sie können ohne Weiteres dieses Kapitel überspringen und trotzdem den Rest dieses Buches verstehen.

Meine erste Studie: Phonetische Merkmale des Schnurrens

Bei der bereits erwähnten Konferenz im Jahr 2010, bei der Dr. Robert Eklund einen Vortrag über seine Studie hielt, in der er das Schnurren einer Katze mit dem Schnurren eines Geparts verglich und sehr viele phonetische Ähnlichkeiten fand, kam mir zum ersten Mal der Gedanke, dass ich vielleicht auch einen Beitrag zur Katzenlautforschung leisten könnte.

Wieder zu Hause, habe ich sofort meine alte Videokamera aktiviert und das Schnurren unseres Katers Vincent aufgenommen. Es ist nicht ganz einfach, eine Katze aufzunehmen, wenn sie schnurrt. Ich hatte meine Videokamera immer bereit, und wenn Vincent auf seinem Lieblingsplatz lag und sich ausruhte, schlich ich mich mit der Kamera heran und streichelte ihn sachte und vorsichtig, bis er anfing zu schnurren. Dann habe ich sanft meine Hand auf seinen Körper gelegt, damit ich seine Atembewegungen spüren konnte. Immer wenn sich beim Einatmen sein Körper hob, sagte ich laut »hoch« und »ein«, und wenn er sich beim Ausatmen wieder senkte, sagte ich »runter« und »aus«. Das tat ich, um die Einatmungs- von den Ausatmungsphasen zu unterscheiden. Dann habe ich noch ungefähr eine Minute lang gefilmt, ohne zu kommentieren, damit ich ausreichend viele Ein- und Ausatmungsphasen als Untersuchungsmaterial bekam.

Als wir Vincent dann leider einschläfern lassen mussten und nur Monate später die schelmischen Drillinge bei uns einzogen, nahm ich ihr Schnurren mit der gleichen Methode auf. Anschließend habe ich zusammen mit Dr. Robert Eklund die Tonaufnahmen mit akustisch-phonetischen Methoden analysiert. Mit einem Programm für Sprachanalyse (es heißt »Praat« und kann kostenlos heruntergeladen werden unter: *www.praat.org*) haben wir die Länge (die akustische Dauer), die Lautstärke (die akustische Intensität) und die Tonhöhe (die akustische Grundfrequenz) in den Einatmungs- und Ausatmungsphasen gemessen und die Ergebnisse aller vier Katzen verglichen.

Die folgende Grafik zeigt das Ergebnis unserer Analyse mittels Praat. In diesem Beispiel sieht man, dass die Intensität (Lautstärke) und die Grundfrequenz (Tonhöhe, die untere Kurve) in den Ausatmungsphasen höher sind als in den Einatmungsphasen (zu erkennen an der größeren Amplitude). Die Einatmungsphase ist mit

I für Ingressive Phase, die Ausatmungsphase mit E für Egressive Phase gekennzeichnet.

Die beiden oberen Scheiben zeigen das Mikrofonsignal (das obere ist filtriert und zeigt nur die tieferen Frequenzen, das zweite ist das Originalsignal), die dritte eine Frequenzanalysendarstellung (ein Spektrogramm) mit Grundfrequenzkurve (untere Kurve), und die Scheibe ganz unten zeigt die Einteilung in ingressive (Einatmungs-) und egressive (Ausatmungs-)Phasen.

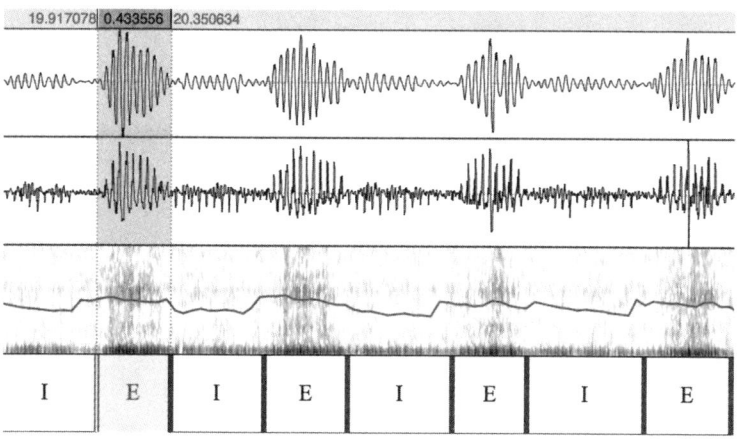

Akustische Analyse eines Schnurrens mit dem Sprachanalyse-Werkzeug Praat

Die Ergebnisse des Experiments zeigten, dass zwei Katzen bedeutend lautere egressive (Ausatmungs-)Phasen als ingressive (Einatmungs-)Phasen hatten, während bei den anderen beiden Katzen kein Lautstärkeunterschied zwischen ihren Ein- und Ausatmungsphasen bestand. In der Grafik oben sind die egressiven Phasen (E) bedeutend stärker als die ingressiven (I). Die Phasendauer variierte sehr zwischen den Katzen, aber alle Katzen hatten bedeutend längere Ein- als Ausatmungsphasen.

Die Grundfrequenz der Vibrationen ist im Schnurren sehr tief (etwa zwischen 21 und 27 Hz), alle vier Katzen lagen im gleichen Frequenzbereich. Das entspricht auch den Ergebnissen anderer Studien zum Katzenschnurren. Zwei der Tiere hatten eine bedeutend höhere Grundfrequenz in ihren egressiven Phasen, bei einem war es umgekehrt, während das vierte keinen großen Unterschied in der Grundfrequenz zwischen Ein- und Ausatmungsphasen zeigte.

Meines Wissens ist diese Studie die allererste vergleichende und quantitative (mit akustischen Messungen und Ergebnissen) Untersuchung zum Schnurren der Hauskatze. Unsere Ergebnisse waren teilweise neu, teilweise haben sie die Ergebnisse früherer (nicht akustischer) Studien bestätigt. Damit liegen jetzt akustische Referenzmessungen für ruhiges, zufriedenes Katzenschnurren vor, die wir in künftigen Untersuchungen zu anderen Arten von Schnurren als Vergleich heranziehen können. Es gibt ja noch einige andere Situationen, in denen Katzen schnurren.

Vor einigen Jahren hat ein Forschungsteam in England einen ins Schnurren integrierten »Ruf« oder »Schrei« entdeckt (siehe Seite 125). Sie führten das darauf zurück, dass Katzen viel lauter schnurren und sogar schreien, wenn sie etwas unbedingt haben wollen (zum Beispiel wenn sie ihre Menschen im Bett wecken, weil sie ihr Frühstück haben wollen). So könnte man in weiteren Studien mehrere Arten von Schnurren vergleichen, um zu analysieren, ob die Tonhöhe, Lautstärke oder Phasenlänge bei alternativen Arten des Schnurrens wesentlich anders sind als die Ergebnisse, die ich in der obigen Untersuchung gefunden habe.

Tipp: Wie schnurrt Ihre Katze? Wann schnurrt sie? Können Sie vielleicht sogar einen Unterschied feststellen zwischen dem Schnurren, das Ihre Katze während einer Ruhephase von sich gibt, und dem Begrüßungsschnurren, wenn Sie von der Arbeit nach Hause kommen? Vielleicht können Sie auch einen Beitrag zur Katzenlautforschung leisten, indem Sie diese unterschiedlichen Variationen des Schnurrens aufnehmen und mit phonetischen Methoden untersuchen, zu denen zunächst erst mal genaues Zuhören gehört.

Meine zweite Studie: Freundliche Katzenlaute gegenüber Menschen und anderen Katzen

Nach Beendigung der Studie über das Schnurren konnte ich einfach nicht aufhören, meinen Katzen mit meinen »phonetischen Ohren« zuzuhören. Mein Ehrgeiz wurde geweckt, auch detaillierte Informationen zu anderen Katzenlauten zu bekommen, um sie besser in ein System einordnen zu können. Ich begann also, mit meiner Videokamera unseren Drillingen zu folgen und viele Situationen, in denen sie alle möglichen Laute äußerten, aufzuzeichnen. Nach einem Monat hatte ich 538 Lautäußerungen aufgenommen und war ganz stolz darauf. Denn es ist nicht ganz einfach, eine Katze aufzunehmen, wenn sie gerade etwas sagt. Man muss erst beobachten, in welchen Situationen die meisten Laute vorkommen, um dann in diesen Momenten mit Videokamera und Mikrofon zur Stelle zu sein. Bei uns waren es vor allem Situationen, in denen es etwas zu fressen oder zu naschen gab, wenn eine der Katzen gerne mit uns Menschen oder ihren Geschwistern spielen wollte, wenn einer von uns oder eine Katze sich näherte und freundlich begrüßt wurde oder wenn ein Vogel oder Insekt die Aufmerksamkeit erregte.

Ich habe diese 538 Laute sorgfältig untersucht und versucht, jeden Laut in eine von fünf ziemlich groben Kategorien einzuordnen: Miauen, Gurren, Gurr-Miauen, Zwitschern und andere Laute. Diese Studie fokussierte also nur auf freundliche Katzenlaute, deshalb untersuchte ich hier etwas andere Kategorien als die, welche ich bislang hier im Buch beschrieben habe. Es war ja eine meiner ersten Studien, und ich wusste noch nicht genau, wie viele und welche Lautkategorien ich auflisten sollte. In die letzte Kategorie habe ich Laute, die eher selten vorkamen, in diesem Fall Schnurren und längere Phrasen mit verschiedenen Lauten, eingeordnet. Diese Kategorie, genannt andere Laute, habe ich in dieser

Studie nicht weiter untersucht, weil die Anzahl der Laute zu unbedeutend war.

Katze	Zwitschern	Miauen	Gurren	Gurr-Miauen	Andere	Total
Donna	1	21	18	29	4	73
Rocky	14	22	63	52	1	152
Turbo	3	36	103	165	6	313
Total	18	79	184	246	11	538

Anzahl der Laute pro Katze, für jede Kategorie aufgeschlüsselt

Aus so einer Tabelle kann man vieles herauslesen. Zum Beispiel habe ich sofort gesehen, dass Turbo die größte Plaudertasche war und dass Donna nicht besonders viele Laute während meiner Aufzeichnungen geäußert hatte. Donna hatte also die wenigsten (73) Laute geäußert, Rocky etwas mehr (152) und Turbo die meisten (313). Die am häufigsten vorkommende Lautkategorie war das freundliche und auffordernde Gurr-Miauen (246), gefolgt von dem freundlichen Begrüßungslaut Gurren (183), dem Miauen (79) und dem Zwitschern (18).

Als ich alle Laute in Kategorien einordnete, tat ich das nach folgenden Kriterien: die Dauer (Länge) in Sekunden und die Grundfrequenz (Melodie oder Tonhöhe), insbesondere die tiefste (Minimum), die höchste (Maximum) und die durchschnittliche (Mittelwert) Grundfrequenz in Herz (Hz). Gemein hatten alle Laute die sehr große Variation in der Melodie, oft zwischen 100 und 1000 Hz. Das ist ein viel größerer Umfang, als wir Menschen ihn normalerweise in unseren Stimmen haben. Das Miauen hatte mit 698 Hz den höchsten Durchschnitt in der Grundfrequenz der Lautmelodie, Gurren den tiefsten (358 Hz). Alle Laute außer Gurr-Miauen waren oft von ähnlicher Länge beziehungsweise Dauer: ungefähr eine halbe Sekunde lang. Gurr-Miauen war deutlich länger (ungefähr 0,8 Sekunden), das liegt daran, dass es ein Kombinationslaut ist.

Diese Ergebnisse zeigten, dass es innerhalb der Lautpalette einen großen Umfang in der Melodie gibt, viel größer, als ich es mir vorgestellt hatte. Sie zeigten auch, dass die Kätzin Donna eine hellere Stimme hat als ihre Brüder, was wohl auch daran liegt, dass Donna als Weibchen kleiner ist als ihre Brüder Rocky und Turbo, also einen kleineren Kehlkopf und ein kleineres Maul hat. Bei uns Menschen haben ja auch Frauen und Kinder in der Regel hellere Stimmen als Männer.

Da meine Studie mit nur drei Katzen nicht besonders aussagekräftig war, konnte ich aus meinen Ergebnissen keine weiter gehenden Schlussfolgerungen ziehen. Um etwas generellere Aussagen über Katzenlaute zu machen, braucht es natürlich sehr viel mehr Aufzeichnungen von Katzenlauten. Das war also mein nächstes Ziel.

Eine zusätzliche Einsicht aus dieser Studie war, dass Donna, die so wenig Laute produziert hatte, vielleicht etwas fehlte. Ich habe meine Katzen weiter beobachtet und gemerkt, dass sich die Kater oft in den Vordergrund gedrängt und so den größten Teil meiner Aufmerksamkeit beansprucht haben. Donna hat sich dann immer im

Hintergrund gehalten. Hatte ich sie etwa vernachlässigt? Brauchte sie mehr Zeit mit mir, um mehr von sich zu zeigen und gesprächiger zu werden? Also habe ich angefangen, mehr Zeit mit ihr zu verbringen, habe mehr mit ihr gespielt, geredet, ihr mehr Aufmerksamkeit zuteilwerden lassen, besonders wenn Rocky und Turbo in der Nähe waren. Nach einigen Wochen habe ich einen großen Unterschied bemerkt. Donna wurde tatsächlich aufgeschlossener und gab viel mehr Lautäußerungen von sich.

Tipp: Auch Sie können eine ähnliche kleine Studie über die Lautäußerungen Ihrer Katze durchführen. Nehmen Sie über einen begrenzten Zeitraum (ein Wochenende, einen Monat, jeden Samstag bis Weihnachten oder was bei Ihnen am besten passt) Ihre Katze eine Stunde lang auf, in einer Situation, in der sie normalerweise mit Lauten kommuniziert: wenn sie Hunger hat, rausgelassen werden will, Ihre Aufmerksamkeit möchte oder wenn sie andere Familienmitglieder (egal ob Tier oder Mensch) begrüßen will. Sie wissen bestimmt, wann und in welchen Situationen Ihre Katze »spricht«. Hören Sie sich dann die Aufzeichnungen mehrfach genau an. Zu welcher Kategorie gehört jeder Laut? Zählen Sie dann die Laute in jeder Kategorie zusammen, und erstellen Sie eine Tabelle; sie erleichtert den Vergleich und verrät Ihnen, welche Laute bei Ihnen zu Hause am häufigsten vorkommen und welche eher selten zu hören sind.

Meine dritte Studie:
Zwitschern und Schnattern

Über die Zwitscherlaute, die ich in der zweiten Studie aufgenommen habe, hatte ich in der Forschungsliteratur bis dahin nichts gefunden. Nur im Internet, auf Webseiten für Katzenliebhaber, habe ich etwas über diese Laute gelesen. Ich wurde neugierig und wollte mehr über diese mystischen Laute erfahren.

Deshalb habe ich im nächsten Winter im Garten vor unserem Küchenfenster ein wahres Vogelbüfett eröffnet, mit Meisenknödeln, Sonnenblumenkernen, Äpfeln und Erdnüssen. Bald haben die Vögel in unserem Garten die Tafel entdeckt, woraufhin natürlich unsere Katzen die vielen Vögel vor dem Fenster wahrnahmen und es sich auf der Fensterbank bequem machten, um sie besser beobachten zu können. Ich habe meine alte Videokamera in Position gebracht und mich selbst auf der Couch im angrenzenden Wohnzimmer, die Fernbedienung griffbereit. So konnte ich Videoaufzeichnungen von meinen Katzen machen, ohne sie zu stören. Jedes Mal, wenn ich mitbekam, dass eine oder mehrere meiner pelzigen Hausgenossen auf der Fensterbank saßen und Vögel beobachteten, habe ich sie und ihre Zwitscher- und Schnatterlaute mithilfe der Fernbedienung gefilmt. Nach drei Monaten hatte ich 255 Laute gesammelt und begann, diese in Unterkategorien einzuordnen.

Diese recht merkwürdigen Laute in ein System zu bringen, war nicht so einfach, wie ich gedacht hatte.

Weil es in der Forschungsliteratur verhältnismäßig wenige Beschreibungen von diesen Lauten gab, war es schwer, die richtigen Namen für jeden Laut zu finden. Schnattern schien der Oberbegriff für alle diese Laute zu sein, aber da es sehr viele Varianten gab, schien es angebracht, sie in Unterkategorien einzuordnen, mit einem jeweils passenden Namen.

Das habe ich umgesetzt, indem ich in Wörterbüchern nach Bezeichnungen für Vogellaute gesucht habe. Dann wählte ich für jede Kategorie den Namen, der am besten dem jeweiligen Katzenlaut entsprach. Schnattern wurde oft als ein mit dem Unterkiefer produzierter Laut und/oder Zähneklappern beschrieben. Deshalb habe ich den Namen Schnattern nur für diese Unterkategorie – das stimmlose Zähneklappern – behalten. Danach habe ich für die anderen Kategorien passende Namen gewählt. Zum Beispiel ist die Beschreibung von Zwitschern laut Duden: »eine Reihe rasch aufeinanderfolgender, hoher, oft hell schwirrender, aber meist nicht sehr lauter Töne«. Das schien den typischen »Meck, meck, meck«-Lauten der Katzen am besten zu entsprechen, weil meine Katzen diese Laute auch mit sehr hellen Stimmen ausgesprochen haben, viel heller als das Schnattern von Enten. Die weichere Variante von »Meck, meck« hört sich eher wie »ui« oder »he-u« an und bekam den Namen Piepsen. Für längere piepsende Laute, deren Melodie viel Bewegung aufwies, habe ich den Namen Trällern gewählt. Die folgende Tabelle zeigt die Verteilung der Laute in Kategorien für jede meiner Katzen. Wieder war Donna die stillste Vogelbeobachterin und ihre Brüder diejenigen, die am meisten mit den Vögeln »gesprochen« haben. Zwitschern war der häufigste Laut mit 169 Beispielen und das stimmlose Schnattern der seltenste mit 22 Beispielen.

Katze	Schnattern	Zwitschern	Piepsen	Trällern	Total
Donna	3	19	6	6	34
Rocky	7	70	19	22	118
Turbo	12	80	9	2	103
Total	22	169	34	30	255

Die Anzahl der aufgezeichneten Laute der drei Katzen in vier verschiedenen Zwitscher- und Schnatter-Kategorien

Als ich alle 255 Laute eingeordnet hatte, konnte ich meine Messungen zu Länge (Dauer) und Tonhöhe oder Melodie (Grundfrequenz) starten. Die einzelnen Schnatterlaute waren am kürzesten (etwa 0,03 Sekunden), Zwitschern und Piepsen fielen auch sehr kurz aus (ungefähr 0,15–0,20 Sekunden), Trällern war der längste Laut (etwa 0,5 Sekunden). Die Schnatterlaute waren alle stimmlos, aber Zwitschern, Piepsen und Trällern hatten im Durchschnitt eine Grundfrequenz von ungefähr 600 Hz. Trotz der kurzen Dauer habe ich einen sehr großen Tonumfang bei diesen Lauten gefunden (für Zwitschern zwischen 230 und 1200 Hz). Diese Ergebnisse haben mir gezeigt, dass Katzen durch die Tonhöhe und Melodie ihre Laute verändern und variieren können. Ob sie das als erlerntes Verhalten taten oder aus Instinkt, wusste ich aber noch nicht. Vielleicht konnten weitere Studien mir zu mehr Erkenntnissen über diese Melodie-variationen verhelfen.

Tipp: Was für Laute äußert Ihre Katze, wenn sie einen Vogel oder ein Insekt sieht? Manche Katzen schnattern nur, andere zwitschern eher, wieder andere »sprechen« die kleinen Beutetiere auf der anderen Seite der Fensterscheibe mit piepsenden Tönen an. Es gibt auch Katzen, die eine Vielfalt von schnatternden und piepsenden Lauten produzieren. Wenn Sie es nicht genau wissen, probieren Sie es mit Vogelfutter vor dem Fenster, und hören Sie genau zu, wie Ihre Katze die Vögel »anspricht«, wenn sie sie beobachtet. Oder machen Sie Videoaufnahmen, und hören Sie sich die Laute mehrmals sorgfältig an. Auch wenn Sie keine Lust haben, eine kleine wissenschaftliche Studie daraus zu machen, werden Sie beim Zuhören dennoch viel Spaß haben, denn es sind oft sehr lustige und komische Laute.

Meine vierte Studie: Der phonetische Unterschied zwischen frohen und traurigen Miau-Lauten

Mir ist schon frühzeitig aufgefallen, dass sich die Miau-Laute meiner Katzen ganz unterschiedlich anhören, je nachdem, in welcher Situation sie sich befinden. Wenn ich mit ihnen zum Tierarzt fahre und sie im Warte-zimmer in ihren Transportboxen sitzen, ängstlich und nervös auf die anderen Tiere und Menschen im Raum schauen, geben sie ganz andere Töne von sich, als wenn sie zu Hause in der Küche sind, Hunger haben und wis-sen, dass ich gerade ihr Futter oder ein Leckerli vor-bereite. Aber woran liegt das? Und höre nur ich diesen Unterschied, weil ich meine Katzen so gut kenne (oder ihre Laute mit meinen phonetischen Ohren exakter wahrnehme), oder können auch andere Leute den glei-chen Unterschied hören?

Um das zu untersuchen, habe ich zusammen mit Dr. Joost van de Weijer, ebenfalls Sprachwissenschaft-ler und Katzenfreund, ein Experiment durchgeführt, in dem wir 30 Personen nacheinander Miau-Laute anhö-ren ließen: sechs Laute, die ich in Futterzeit-Situationen aufgezeichnet hatte, und sechs Miau-Laute, die in Tierarzt-Situationen aufgenommen worden waren, in einer zu-fälligen Reihenfolge. Wir haben unsere Zuhörer nach je-dem Laut gebeten, zu beurteilen, ob dieser Laut zu einer typischen Futter-Situation oder eher einer Tierarzt-Situation gehörte. Tatsächlich stellte sich heraus, dass je nach Situation eine unterschiedliche Tonmelodie festge-stellt wurde. Die Futter-Miau-Laute hatten einen größe-ren Melodieumfang und endeten auch öfter mit einem steigenden Ton als die Tierarzt-Miau-Laute, die öfter mit fallendem Ton endeten und auch viel weniger Melo-dievariationen aufwiesen. Das folgende Diagramm zeigt den Melodieverlauf (die Grundfrequenz) der Futter-

Miaus (oben) und der Tierarzt-Miaus (unten), die wir als Tonbeispiele im Experiment verwendet haben.

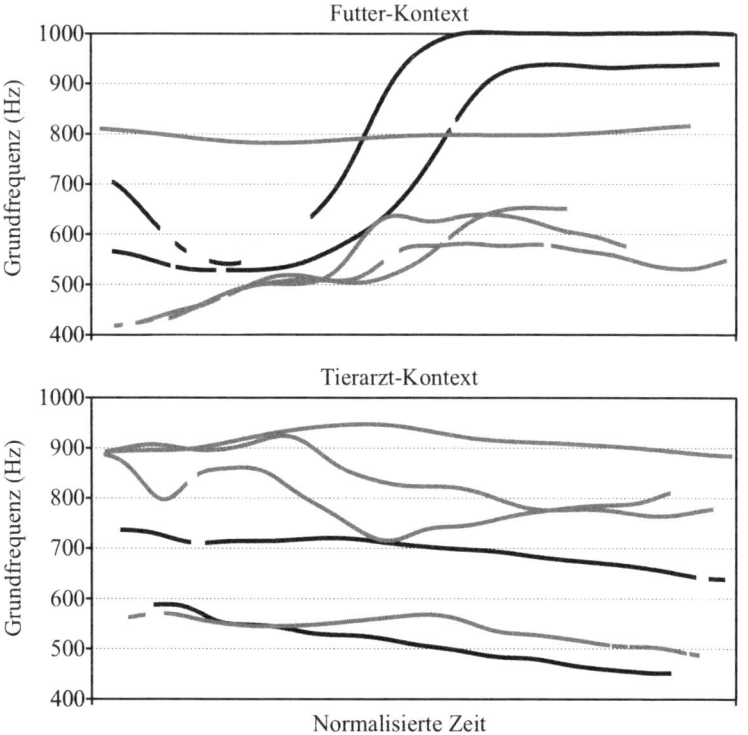

Melodieverlauf (Grundfrequenz) von Miaus im Futter-Kontext (oben) und Miaus im Tierarzt-Kontext (unten): Die schwarzen Kurven (Melodieverläufe) zeigen die Laute, die am besten (einfachsten) von den sechs Lauten in jedem Kontext von den Teilnehmern beurteilt worden sind

Sie können sich die Tonbeispiele auf meiner Website anhören unter »Miauen«. Katzenlaute im Futter-Kontext finden Sie in der Lautkategorie »Miauen, Miauen« unter dem Stichwort »Donna und Turbo miauen im Futter-Kontext«. Katzenlaute im Tierarzt-Kontext finden Sie in der Lautkategorie »Miauen, Jammern« unter dem Stichwort »Donna, Rocky und Turbo jammern im Warteraum«.

Die Ergebnisse des Wahrnehmungsexperiments zeigten, dass die meisten Teilnehmer den Unterschied beurteilen konnten. Außerdem haben Katzenhalter die Laute besser beurteilt als Nicht-Katzenhalter. Als wir die Urteile der Teilnehmer mit unseren akustischen Messungen der Tonmelodien verglichen, merkten wir: Je mehr Variationen es in der Melodie gab, desto besser wurde erkannt, dass dieser Miau-Laut ein futterbedingter Laut war. Es scheint also, dass Katzen die Melodie innerhalb ihrer Miau-Laute mehr verändern, wenn sie etwas zu fressen haben möchten, als wenn sie beim Tierarzt warten, und dass wir Menschen diesen Unterschied ziemlich gut heraushören können. Es ist zudem plausibel, dass Katzenhalter den Unterschied leichter und treffsicherer heraushören können.

Tipp: Versuchen Sie es einmal selbst: Hören Sie sich einen Katzenlaut, den Sie selbst aufgenommen haben, mehrmals und ganz genau an. Konzentrieren Sie sich dabei besonders auf die Tonmelodie, und achten Sie darauf, ob der Ton steigt, fällt oder gleichmäßig ist. Je länger der Laut, desto leichter ist es, die Melodie herauszuhören. Im nächsten Schritt können Sie Laute in zwei verschiedenen Situationen aufzeichnen und diese Laute nacheinander anhören. Können Sie Unterschiede in der Melodie hören? Wenn ja, worauf beruhen diese Unterschiede? Liegt es am Anfang oder Ende der Melodie? Ist der Ton in einem Laut tiefer als in dem anderen? Gibt es weitere Unterschiede? So können Sie mit wenig Aufwand die verschiedenen Melodien der Laute untersuchen. Wenn Sie außerdem wissen, in welchen Situationen die verschiedenen Melodien vorkommen, können Sie die »Sprache« Ihrer Katze ein bisschen besser verstehen.

Meine fünfte Studie: Emotionen und Sprechmelodien in Katzenlauten

Oft ist es für mich schwer – oder sogar unmöglich –, zu beurteilen, wie sich meine Katzen fühlen. Sind sie froh und zufrieden oder nur müde? Sind sie aufgeregt, weil sie sich auf etwas freuen oder weil sie etwas nervt? Eine Katze kann man ja nicht fragen, was los ist oder welche Gefühle sie im Moment umtreiben.

Aber vielleicht können wir durch Untersuchungen der Tonmelodie und anderer Merkmale der Stimme etwas mehr über die Emotionen der Katze lernen. In einem kleinen Experiment habe ich 36 Teilnehmer gebeten, die Emotion in 28 vorgespielten Katzenlauten zu beurteilen. Die Teilnehmer waren Phonetik-Studenten;

die verschiedenen Katzenlaute stammten von meinen und anderen Katzen, die ich in diversen Situationen aufgezeichnet hatte. Weil ich die Katzen gut kannte und genau wusste, was vor und nach jedem Laut passiert ist, habe ich versucht, die Gefühle zu identifizieren, die zu jedem Laut am besten passen. Da Gefühle selten leicht einzuschätzen sind, habe ich es meinen Teilnehmern ein bisschen einfacher gemacht, indem ich sie gebeten habe, eine Emotion aus den folgenden sieben Kategorien zu wählen:

1) Freude/Zufriedenheit
2) Trauer/Angst (diese beiden Gefühle kamen oft gleichzeitig in meinen Aufzeichnungen vor)
3) Ärger
4) Wunsch oder Bedürfnis
5) Neutral (keine besonderen Gefühle)
6) Anderes Gefühl (ein Gefühl, aber bestimmt keins aus den Kategorien oben)
7) Keine Ahnung (nur zu wählen, wenn keine andere Gefühlskategorie infrage kam)

Außerdem habe ich die Teilnehmer gebeten, auf einer Skala von 1 bis 7 ihre Erfahrung mit Katzen einzuschätzen sowie die Schwierigkeit der ganzen Aufgabe zu beurteilen.

Nach dem Wahrnehmungsexperiment habe ich meine Teilnehmer gefragt, welche Hinweise oder Stichworte sie in ihren Urteilen benutzt haben, um die Laute einer

Gefühlskategorie zuordnen zu können. Viele meinten, dass sie Ärger mit tiefen Lauten und Rauschen oder Reibegeräuschen identifiziert hatten und Freude mit hoher Tonlage und wenig Rauschen oder Reibegeräuschen. Manche brachten Wunsch/Bedürfnis mit steigender Melodie und Trauer/Angst mit fallender Melodie in Verbindung. Diese Informationen habe ich benutzt, als ich die Melodie in den Katzenlauten genauer untersuchte. Außerdem kamen mir die Angaben meiner Teilnehmer bekannt vor. Sie passten irgendwie mit den Beschreibungen menschlicher Gefühle und auch mit dem Frequenzcode von John Ohala gut zusammen. Vielleicht ist das ein Grund, weshalb sich Menschen und Katzen doch verhältnismäßig gut verstehen.

Die Ergebnisse zeigten, dass von den insgesamt 980 Schätzungen der Teilnehmer 350 (38 Prozent) korrekt waren. Bei zwei Schnurr-Lauten gab es die meisten korrekten Schätzungen (Freude/Zufriedenheit); ein Gurren sowie ein Gurr-Miauen mit tiefem Ton und viel Reibegeräusch wurden am häufigsten falsch beurteilt. Eine mögliche Erklärung für dieses Ergebnis könnte sein, dass die Teilnehmer sehr unterschiedlich intensive Erfahrungen mit Katzen gemacht hatten. Das Schnurren ist einer der Laute – neben dem Miauen –, der am häufigsten mit Katzen in Verbindung gebracht wird; aber Gurren, besonders in seinen tieferen Varianten (Murren und Brummen), ist nicht so bekannt und könnte von katzenunerfahrenen Teilnehmern als unfreundlicher Laut eingeschätzt werden. Da aber auch tieferes Gurren oft als freundlicher Begrüßungslaut genutzt wird, könnte das zu Kommunikationsproblemen zwischen Katzen und Menschen führen. Die Tonhöhe und die Melodie in Katzenlauten ist vielleicht komplizierter als der Frequenzcode, und eine genaue systematische Untersuchung der Melodie in Katzenlauten könnte gewiss mehr über die Bedeutung der verschiedenen Katzenlaute ans Licht bringen und dadurch auch die Kommunikation zwischen Katzen und Menschen verbessern.

Als ich mit dieser Studie über Emotionen in Katzenlauten begann, war ich schon darauf vorbereitet, dass es nicht einfach sein würde, weder für mich als Forscherin noch für die Teilnehmer. Viele Laute wurden von mir und den Teilnehmern unterschiedlich eingeschätzt, auch zwischen den Teilnehmern gab es Abweichungen. Die Studie brachte also kein wirkliches Ergebnis. Ich bin aber nach wie vor der Meinung, dass ein genaueres Studium der Gefühle, die in Katzenlauten signalisiert werden, uns helfen kann, die Katzensprache besser zu verstehen.

Tipp: Vielleicht können Sie auch dazu beitragen. Versuchen Sie einmal, die Unterschiede in den Lautäußerungen Ihrer Katze (Stimmlage, Stimmqualität, Melodie, sonstige Geräusche wie Rauschen oder Reibegeräusche) festzustellen und die unterschiedlichen Situationen, in denen Ihre Katze Gefühle zeigt, zu beschreiben. Ist die Stimmlage höher (heller), wenn Ihre Katze froh oder aufgeregt ist? Steckten mehr Rauschen oder Reibegeräusche in den Lauten, die Ihre Katze äußert, wenn sie unzufrieden ist? Auch ich untersuche weiterhin die Laute meiner Katzen, die mit unterschiedlichen Gefühlen in Verbindung gebracht werden können.

Meine sechste Studie:
Aggressive und Verteidigungslaute der Katze

Als Vimsan im Herbst 2014 verletzt zu uns kam und wir sie in unsere Familie aufnahmen, gefiel das unseren Drillingen überhaupt nicht. Auf vielen meiner Videoaufnahmen sind Auseinandersetzungen unserer vierbeinigen Mitbewohner festgehalten: Vimsan, wie sie ohne Erfolg versucht, sich mit Donna anzufreunden, aber Donna immer wieder heult, knurrt oder faucht. Vimsan, wie sie an Turbo und Rocky vorbeiläuft und die beiden Kater ihr mit knurrenden Lauten und bösen Blicken folgen. Das bot mir Material für meine Forschung über aggressive Katzenlaute. Ich habe versucht, herauszufinden, wie viele und welche Laute Katzen in aggressiven und Verteidigungssituationen benutzen, wie sie sich anhören und welche phonetischen Merkmale sie aufweisen. Werden alle diese Laute in den gleichen Situationen benutzt, oder gehört Fauchen zu einer Kategorie von Aggression und Knurren zu einer anderen? Um mehr über die unfreundlichen Laute der Katze zu lernen, habe ich die kleine Vimsan in ihrer ersten Zeit bei uns zu Hause (als ich sie den anderen drei Katzen vorstellte) acht Tage lang mit meiner Videokamera verfolgt. Ich wollte wissen, welche Laute am häufigsten vorkommen, welche phonetischen Merkmale (Tonhöhe, Melodie, Stimme, Reibegeräusche) ihnen zuzuordnen sind und ob sie in den gleichen oder unterschiedlichen aggressiven, kämpferischen und defensiven (agonistischen) Situationen vorkommen.

Hier ist mir zum ersten Mal aufgefallen, dass meine Forschernatur in einem Konfliktverhältnis zu meiner Natur als Katzenhalterin stehen kann. Während ich als Forscherin so viele Katzenlauttypen wie möglich aufzeichnen möchte, damit ich sie näher studieren kann, muss ich als Katzenhalterin und -liebhaberin eher dafür sorgen, dass meine Lieblinge nicht allzu häufig unangenehmen Situationen ausgesetzt sind. Solche Situationen brauche ich aber, wenn ich aggressive Laute aufnehmen möchte. Immerhin habe ich es geschafft, dass sich meine Katzen während meiner Forschungsprojekte nicht verletzt oder anderen Schaden davongetragen haben.

Diese Erfahrung hat mich gelehrt, dass meine Arbeit als Katzenforscherin viel Fingerspitzengefühl erfordert. Wenn ich eine Situation als nicht allzu gefährlich einschätze, kann ich sie dazu nutzen, ein paar Momente davon mit meiner Videokamera aufzunehmen, bevor ich eingreife. Katzen manövrieren sich selbst oft in potenziell gefährliche Situationen ich habe sie aber nie dazu ermutigt, sich in so eine Situation zu begeben. Wenn es aber doch passiert und ich mit meiner Kamera dabei bin, bleibe ich achtsam; ich habe gelernt, dass ich mit lauten oder katzenähnlichen Warngeräuschen (Kreischen oder Fauchen scheinen am besten zu funktionieren) und großen Gesten die allzu aggressiven Situationen zwischen zwei Katzen häufig entschärfen kann. Als ich noch nicht so gut mit solchen Streitsituationen umgehen konnte, habe ich öfter eine potenziell gefährliche Situation zu früh unterbrochen und dabei vielleicht viele interessante Katzenlaute verpasst.

Nach acht Tagen hatte ich jedoch 468 Laute aufgezeichnet und konnte mit dem Einordnen der Laute in Kategorien anfangen. Sechs verschiedene Kategorien habe ich identifiziert.

Katze	Knurren	Heulen	Heul-Knurren	Fauchen	Kreischen	Spucken	Total
Donna	13	175	114	38	3	22	365
Rocky	2	47	1	4	0	2	56
Turbo	13	2	4	7	0	1	27
Vimsan	3	6	0	5	4	2	20
Total	31	230	119	54	7	27	468

Aggressive, kämpferische und defensive (agonistische) Laute unserer vier Katzen, aufgeteilt auf sechs verschiedene Kategorien

In dieser Untersuchung war Donna die »Plaudertasche«, mit 365 von den 468 Lauten. Rocky und Turbo waren wesentlich stiller und haben nur 56 (Rocky) beziehungsweise 27 (Turbo) agonistische Laute geäußert. Die neue Kätzin Vimsan war die Stillste mit nur 20 Lauten. Die meisten Laute waren Heulen (230), gefolgt von Kombinationen von Heulen und Knurren (119). Knurren ohne Elemente von Heulen waren eher selten (31). Meine Katzen haben 54-mal gefaucht, 27-mal gespuckt und nur 7-mal gekreischt.

Knurren, Heulen und Kombinationen von Heulen und Knurren wurden von meinen Katzen als Warnlaute benutzt, wenn eine andere Katze ihnen zu nahe kam. Generell waren die Laute zwischen zwei und vier Sekunden lang, also ziemlich lang. Fauchen, Spucken und Kreischen waren viel kürzer (etwa eine halbe Sekunde). Auch Fauchen und Spucken wurden als Warnung benutzt, das Spucken wurde oft von einem Sprung vorwärts und von einem kleinen Vorderpfotenstampfen begleitet.

Während dieser acht Tage kam es nur zwischen Donna und Vimsan zu einem körperlichen Kampf, sehr kurz und explosiv, dann sind die beiden Kätzinnen sofort wieder auseinandergesprungen und haben ihr Heulen und Knurren wieder aufgenommen. Kreischen ist ein Laut, den ich nur während eines körperlichen Streites unter den Katzen mit meiner Videokamera aufgezeichnet habe. Nach acht Tagen hatten sich unsere Katzen allmählich miteinander angefreundet, die aggressiven Situationen wurden also seltener. Vimsan war jetzt Teil unserer Familie.

Tipp: Falls Sie gerade überlegen, wie Sie eine neue Katze in Ihrer Familie willkommen heißen können, informieren Sie sich bitte erst sorgfältig darüber, wie man den neuen Mitbewohner am besten seinen bereits eingewöhnten Artgenossen vorstellt. Bewaffnen Sie sich außerdem mit einer großen Portion Geduld, und glauben Sie bitte nicht, dass alles sofort reibungslos funktioniert. Beobachten Sie die Laute und visuellen Signale, die die Katzen zeigen, wenn sie sich zum ersten Mal treffen, und versuchen Sie sie zu deuten, bevor es zu einem körperlichen Streit kommt.

Die aktuelle Forschung

In fast jeder meiner Katzenlautstudien habe ich markante Unterschiede zwischen den verschiedenen Lauten gefunden, aber vor allem auch eine große Variation bezüglich der Melodie der Laute innerhalb einer Kategorie. Der Ton kann steigen, fallen, erst steigen und dann wieder fallen, die Melodie kann sich langsam oder schneller ändern und so weiter.

Wenn wir Phonetiker die menschliche Sprache studieren, widmen wir uns, wie zuvor erwähnt, nicht nur den Vokalen und Konsonanten, sondern auch der Sprechmelodie, dem Rhythmus und der Lautstärke – also dem, was sich in der Fachsprache Prosodie nennt (siehe Seite 149). Obwohl das Lautrepertoire der Katze sehr groß ist, können Katzen nicht so viele verschiedene Vokale und Konsonanten bilden wie Menschen, sie verfügen nicht über ganze Wörter, geschweige denn Sätze, haben also auch keine Grammatik. Es ist möglich, dass Katzen ihre Laute deshalb variieren, um damit verschiedene Signale zu senden und unterschiedliche Wünsche oder Bedürfnisse auszudrücken.

Das Labor, in dem ich an der Universität in Lund arbeite – Lund University Humanities Lab – ist eine sehr inspirierende Arbeitsumgebung, wo ich mit vielen erfolgreichen und netten Kollegen zusammenarbeite. Als ich mit ihnen meine ersten Studien von Katzenlauten diskutiert habe, habe ich viele Ideen – vor allem was die »Sprechmelodie« in der Kommunikation zwischen Katze und Mensch betrifft – von ihnen bekommen. Außerdem haben viele meiner Kollegen auch selber Katzen und haben sich als Teilnehmer meiner Studien beworben. Das hat mir Mut gemacht, meine Fragen und Ideen in einer Bewerbung für ein Forschungsprojekt zu formulieren, und eine private Stiftung (die Marcus und Amalia Wallenberg Stiftung in Schweden) gewährte mir finanzielle Unterstützung für ein Projekt, welches 2016 anfing und bis 2021 läuft. Ein Traum ist wahr geworden!

In meinem Forschungsprojekt »Melody in human–cat communication (Meowsic)« untersuche ich jetzt zusammen mit meinen Kollegen Dr. Robert Eklund und Dr. Joost van de Weijer die Sprechmelodie in Katzenlauten im Vergleich zur menschlichen Sprache. Den Namen Meowsic haben wir folgendermaßen hergeleitet: »Miau« heißt auf Englisch »Meow«, Musik heißt »Music«, daraus bildeten wir »Meow-sic«, »Miau-Musik«. Wir stellen uns folgende Fragen: Welche Bedeutung hat die Melodie in Katzenlauten im Vergleich zur menschlichen Sprache? Benutzen Katzen verschiedene Melodien, wenn sie zufrieden, glücklich, traurig, unzufrieden oder böse sind? Verändern sie die Melodie in ihren erlernten Lauten und versuchen so, von uns Menschen besser verstanden zu werden?

Der Zweck unseres auf fünf Jahre angelegten Projekts besteht darin, herauszufinden, wie die Melodie in Katzenlauten variiert, wenn Katzen mit Menschen kommunizieren, und, wie Katzen menschliche Sprache mit ihren verschiedenen Stimmlagen, Melodien und Redestilen wahrnehmen. Das Projekt besteht aus zwei Teilen:

In *Studie 1* zeichnen wir Laute von 30 bis 50 Katzen in unterschiedlichen Situationen auf und untersuchen die Variation in der Melodie. Vor allem wollen wir Laute aufnehmen, die Katzen hervorbringen, wenn sie mit ihren Menschen interagieren. Weisen Katzenstimmen unterschiedliche Melodien auf, wenn sie ausdrücken sollen, dass das Tier etwas zu fressen haben möchte, seinen Menschen begrüßt oder Angst hat? Variiert die Melodie auch, wenn die Katze großen oder weniger großen Hunger hat? Wenn ja, wie nehmen Menschen diese Unterschiede in der Melodie wahr? Laut unseren Vorstudien variieren Katzen ihre Melodie erheblich; wir Menschen können lernen, diese Variationen wahrzunehmen, um Katzen besser zu verstehen.

In *Studie 2* untersuchen wir, wie Katzen menschliche Sprache wahrnehmen. Wir zeichnen mehrere Beispiele menschlicher Stimmen und Redestile auf und spielen sie Katzen vor, um zu überprüfen:

1) ob Katzen die Stimmen ihrer Menschen wiedererkennen,

2) ob Katzen eine besondere Art von Melodie oder Redestil bevorzugen.

Damit wir die natürlichen Reaktionen der Katzen besser studieren können, ohne sie in Stress zu versetzen, benutzen wir eigens konstruierte niedrige Schirme, die wir sorgfältig reinigen und vom Duft neutralisieren, um sie dann in der natürlichen Umgebung im Zuhause der Katzen anzubringen. In den Schirmen sind Lautsprecher eingebaut, über die die Tonbeispiele abgespielt werden können, und Videokameras, um die Reaktionen der Katzen aufzuzeichnen (zum Beispiel Ohren-, Augen-, Kopf- und Körperbewegungen), wenn sie verschiedene Stimmen zu hören bekommen.

Das Projekt ist eine Pionierarbeit von Sprachwissenschaftlern sowie schwedischen und internationalen Experten für Tiermedizin, Ethologie (Tierverhaltensforschung) und Linguistik im Bereich Mensch-Katze-Kommunikation. Auch mit meinen Kollegen im Lund University Humanities Lab diskutiere ich gerne unsere Fortschritte und Probleme unseres Projekts, und sie helfen wirklich auch gerne, wenn wir Expertenhilfe brauchen, zum Beispiel für Videoaufzeichnungsverfahren. Wenn wir jeden Schritt in unseren Studien mit fachübergreifenden Experten diskutieren können – von den Vorbereitungen über die Forschungsfragen bis hin zu den Ergebnissen –, werden wir eine größere Chance haben, die vielschichtigen Lautäußerungen der Katzen besser zu verstehen.

Neben der wissenschaftlichen Erkenntnis hat unsere Forschung weitere positive Nebeneffekte. Ein besseres Verständnis für die Kommunikation zwischen Katze und Mensch kann zu erhöhtem Wollbefinden unserer pelzigen Hausgenossen führen, unseren Umgang mit Haustieren positiv beeinflussen und hat zudem das Potenzial, die Beziehung zwischen Mensch und Tier in diversen Bereichen zu verbessern – zum Beispiel in der Tierzucht, der Tiertherapie, der Tiermedizin und in Tierheimen.

Mehr Infos über unser Projekt finden Sie auf unserer Homepage *www.meowsic.info*.

Katzengestützte Therapie

Es ist mittlerweile üblich, dass Haustiere Therapeuten bei der Arbeit mit ihren Patienten unterstützen. Pferde können zum Beispiel als Helfer in der Depressionstherapie oder in der Therapie mit psychisch kranken Kindern eingesetzt werden. In Krankenhäusern kommen speziell ausgebildete Hunde in der Behandlung von chronisch kranken Kindern und Jugendlichen zum Einsatz. Hunde und Katzen werden auch immer häufiger als Gesellschaftstiere für Kinder eingesetzt, die beispielsweise einen nicht urteilenden Freund bei ihren Leseübungen brauchen, oder für ältere Menschen, denen sie in der Einsamkeit beistehen.

Katzen besitzen einige Nachteile, aber auch Vorteile gegenüber Hunden, die weitaus häufiger in der tiergestützten Therapie zu finden sind. Hunde sind viel leichter auszubilden und haben bessere Nasen, die winzige Duftsignale blitzschnell wahrnehmen können. Katzen sind dagegen oft leichter zu halten. Sie brauchen weniger Futter, man muss mit ihnen nicht mehrmals am

Tag spazieren gehen. Wenn wir mehr Tiere als Therapeuten- und Pflegeassistenten einsetzen wollen, ist es aber sehr wichtig, dass wir Menschen mit unseren Tieren richtig kommunizieren können und ihre Signale, auch die sprachlichen, wirklich verstehen.

In unserem aktuellen Projekt »Meowsic« kümmern wir uns besonders darum, wie Katzen als Pflege- oder Therapieassistenten eingesetzt werden können. Welche Eigenschaften muss eine Katze besitzen, um Menschen Gesellschaft zu leisten oder gar bei unterschiedlichsten Problemen zu helfen? Und wie können wir die Kommunikation zwischen Therapeut, Katze und Patienten verbessern? Welche Signale müssen wir unbedingt verstehen? Wir können Kindern beibringen, welche Katzenlaute freundlich sind und welche als Warnlaute benutzt werden. Wenn ein Kind weiß, dass das tiefe, raue Gurren eine freundliche Begrüßung ist, braucht es nicht mit Angst oder Aggression zu reagieren. Im Endeffekt ist es ja ganz einfach: Wenn wir unsere Katzen besser verstehen wollen – egal, in welcher Situation –, brauchen wir nur ein bisschen mehr über die verschiedenen Kommunikationssignale zu lernen und uns darauf einzulassen, ganz genau zuzuhören. Wenn wir lernen, unsere Katzen besser zu verstehen und uns auch besser mit ihnen zu verständigen, dann verbessern wir nicht nur das Wohlbefinden der Katze, sondern auch wir werden bereichert.

Anhang

Audio- und Video-Beispiele für Lautäußerungen in unterschiedlichen Lebenssituationen

Auf meiner Website *www.meowsic.info/katzenlaute* finden Sie einen Überblick über die hier im Buch dargestellten häufigsten Katzenlaute – geordnet nach Stichworten, die die jeweilige Situation abbilden, in der ich die betreffenden Laute aufgenommen habe. Da ich fast jeden Tag mehr über die verschiedenen Katzenlaute lerne, ist das Projekt nicht abgeschlossen, die Website wird regelmäßig erweitert. Deshalb werden Sie dort vielleicht mehr Beispiele finden als die, die in diesem Buch beschrieben sind. Ich möchte Ihnen vor allem die große phonetische Bandbreite innerhalb der Lautkategorien aufzeigen und hoffe, Sie haben Spaß daran und erkennen vielleicht auch einige Laute bei Ihren Katzen wieder.

Hörbeispiele Miauen & Co.

Fiepen
Beispiel 1: Als wir Vimsan gefunden haben, hatte sie, wie bereits erwähnt, eine große Wunde am Hinterbein, und nach der Behandlung durch den Tierarzt musste sie einen Halskragen zum Schutz tragen. In dieser Zeit hat sie oft auf diese Art traurig gefiept. Wir sind nicht sicher, ob das an den Schmerzen oder dem unangenehmen Kragen lag.

Auf der Website zu finden in der Lautkategorie »Miauen, Fiepen« unter dem Stichwort »Vimsan fiept erbärmlich«.

Beispiel 2: Vimsan ist vor dem Regen aus dem Garten hereingeflüchtet und fiept, weil sie Futter haben will.

Auf der Website zu finden unter: »Miauen, Fiepen« und dem Stichwort »Vimsan fiept, weil sie nass ist und Hunger hat«.

Quieken

Beispiel 1: Donna will mit mir spielen (oder will, dass ich die Tür zum Garten aufmache) und quiekt auffordernd, um mich zu holen.

Auf der Website zu finden unter: »Miauen, Fiepen« und dem Stichwort »Donna quiekt auffordernd«.

Beispiel 2: Donna quiekt, gurrt und produziert sogar Kombinationen mit Gurren und Quieken, wenn sie mir etwas zeigen will (oft, wo die Tür zum Garten ist, wenn sie rausgelassen werden will), als wolle sie sagen: »Komm mit, folge mir!«

Auf der Website zu finden unter: »Miauen, Quieken« und dem Stichwort »Donna quiekt und gurrt«.

Beispiel 3: Donna macht gerne kleine heisere, quiekende Laute, wenn sie kuscheln will (danach gurrt und schnurrt sie eher, auch in gemischten und kombinierten Varianten).

Auf der Website zu finden unter: »Miauen, Quieken« und dem Stichwort »Donna quiekt und schnurrt«.

Jammern

Beispiel 1: Donna, Rocky und Turbo sitzen in ihren Transportboxen im Warteraum beim Tierarzt und jammern.

Auf der Website zu finden unter: »Miauen, Jammern« und dem Stichwort »Donna, Rocky«, und »Turbo jammern im Warteraum«.

Beispiel 2: Kompis jammert, miaut, heult und knurrt in seiner Transportbox im Auto auf dem Weg vom Tierarzt mit der klaren Botschaft: »Lass mich hier raus!«

Auf der Website zu finden unter: »Miauen, Jammern« und dem Stichwort »Kompis jammert, miaut, heult und knurrt«.

Miauen

Beispiel 1: Rocky und Turbo miauen, weil sie merken, dass ich in der Küche Krabben vorbereite, und sie gerne etwas davon abhaben möchten.

Auf der Website zu finden unter: »Miauen, Miauen« und dem Stichwort »Rocky und Turbo miauen, weil sie Krabben haben wollen«.

Beispiel 2: Turbo miaut in langen heiseren Tönen, wenn er dringend meine Aufmerksamkeit und Zuwendung möchte (und wenn er sie bekommt, fängt er oft an zu gurren und zu schnurren).

Auf der Website zu finden unter: »Miauen, Miauen« und dem Stichwort »Turbo miaut und schnurrt«.

Beispiel 3: Zoran, der Kater unserer Freunde, miaut, bis Frauchen oder Herrchen die Kellertür für ihn öffnen.

Auf der Website zu finden unter: »Miauen, Miauen« und dem Stichwort »Zoran miaut vor der Kellertür«.

Gurr-Miauen

Beispiel 1: Donna gurr-miaut oder gurr-quiekt gerne auffordernd mit steigender Melodie, wenn sie mit mir spielen möchte.

Auf der Website zu finden unter: »Miauen, Gurr-Miauen« und dem Stichwort »Donna gurr-miaut und gurr-quiekt«.

Hörbeispiele Gurren & Co.

Helles Gurren: Trillern

Beispiel 1: Donna gurrt leise, wenn sie freundlich darum bittet, rausgelassen zu werden.

Auf der Website zu finden unter: »Gurren, Trillern« und dem Stichwort »Donna trillert vor der Gartentür«.

Beispiel 2: Kompis gurrt am Küchenfenster, um ein Leckerli zu bekommen. Wenn ich diesen freundlichen Laut höre, mache ich das Fenster auf und gebe ihm etwas Kleines zum Naschen.

Auf der Website zu finden unter: »Gurren, Trillern« und dem Stichwort »Kompis trillert am Küchenfenster«.

Beispiel 3: Vimsan ist rollig und trillert sanft.

Auf der Website zu finden unter: »Gurren, Trillern« und dem Stichwort »Vimsan trillert sanft«.

Beispiel 4: Donna quiekt, trillert und schnurrt freundlich auf meinem Schoß, wenn sie mit mir kuscheln möchte.

Auf der Website zu finden unter: »Gurren, Trillern« und dem Stichwort »Donna quiekt, trillert und schnurrt auf meinem Schoß«.

Tieferes Gurren: Murren oder Brummen

Beispiel 1: Turbo miaut erst, aber brummt anschließend, was als eine freundliche Aufforderung zu deuten ist.

Auf der Website zu finden unter: »Gurren, Murren oder Brummen« und dem Stichwort »Turbo miaut und brummt sanft«.

Beispiel 2: Turbo schläft, aber gurrt tief und leise, weil ich ihn streichle.

Auf der Website zu finden unter: »Gurren, Murren oder Brummen« und dem Stichwort »Turbo schläft und brummt leise«.

Gurr-Miauen

Beispiel 1: Donna fordert mich durch Miau-Laute, Trillern und Gurr-Miaus auf, ihr zu folgen, weil sie in den Garten rausgelassen werden will.

Auf der Website zu finden unter: »Gurren, Gurr-Miauen« und dem Stichwort »Donna miaut, trillert und gurr-miaut«.

Hörbeispiele Knurren & Co.

Knurren, Grollen

Beispiel 1: Vimsan sitzt in ihrer Transportbox beim Tierarzt, sieht einen Hund und fängt an zu heulen, welches in ein tiefes Grollen übergeht.

Auf der Website zu finden unter: »Knurren« und dem Stichwort »Vimsan knurrt in ihrer Transportbox«.

Beispiel 2: Vimsan knurrt leise, um sich zu verteidigen, weil Donna sie anfaucht und anheult. Auf der Website zu finden unter: »Knurren« und dem Stichwort »Vimsan knurrt leise«.

Heulen

Beispiel 1: Kompis heult im Duett mit einem Gegner, der zum Schluss im Zeitlupentempo unseren Garten verlässt.

Auf der Website zu finden unter: »Heulen« und dem Stichwort »Kompis heult Eindringling an«.

Beispiel 2: Rot (mit der tieferen Stimme) und ein unbekannter Gegner beim Heulen und Jodeln (mit einem »oioioioi«-Vokalmuster) in unserem Nachbargarten.

Auf der Website zu finden unter: »Heulen« und dem Stichwort »Rot und Gegner heulen und jodeln«.

Beispiel 3: An einem Sommermorgen in Haapsalu, Estland, habe ich bei einem Spaziergang diese Szene beobachtet, in der zwei unbekannte Katzen im Duett heulen und schreien.

Auf der Website zu finden unter: »Heulen« und dem Stichwort »Zwei Katzen heulen und schreien in Haapsalu«.

Beispiel 4: Vimsan läuft auf Donna zu, Donna antwortet mit einem kurzen Fauchen, das in ein längeres Heulen übergeht. Vimsan knurrt leise und zieht sich am Ende zurück.

Auf der Website zu finden unter: »Heulen« und dem Stichwort »Donna faucht und heult, Vimsan knurrt«.

Beispiel 5: Die Gegner Kompis und Teddy heulen und jodeln (»oioioioioi«) einander an, danach versucht der kleinere Teddy, sich langsam (im Zeitlupentempo) davonzuschleichen – mit einem Balanceakt auf der Gartenbank.

Auf der Website zu finden unter: »Heulen« und dem Stichwort »Kompis und Teddy heulen und jodeln«.

Im folgenden Beispiel wird die Tonaufnahme durch eine phonetische Darstellung ergänzt: In dem Diagramm sieht man genau den Verlauf der Melodie, die Donna mit ihrem Heulen hervorbringt. Es ist zu beobachten, wie die Melodie steigt und fällt.

Auf der Website zu finden unter: »Heulen« und dem Stichwort »Phonetische bildliche Darstellung von einem Heul-Knurren (oder Knurr-Heulen)«.

Fauchen, Spucken
Beispiel 1: Als Vimsan auf Donna zuläuft und sie überrascht, wird sie von Letzterer angefaucht. Anschließend wird sie von Donna angeheult.

Auf der Website zu finden unter: »Fauchen« und dem Stichwort »Donna faucht und heult«.

Beispiel 2: Vimsan läuft auf Donna zu, Donna antwortet mit einem kurzen Fauchen, was dann in ein längeres Heulen übergeht. Vimsan knurrt leise und zieht sich am Ende zurück.

Auf der Website zu finden unter: »Fauchen« und dem Stichwort »Donna faucht und heult, Vimsan knurrt«.

Kreischen, Schreien

Beispiel 1: Die kastrierte Vimsan wehrt sich gegen die Versuche des noch unkastrierten Kompis, sie zur Paarung anzulocken. Er folgt ihr auf einen Apfelbaum, aber als er sich nähert, kreischt, faucht, spuckt und knurrt die wütende Vimsan, bis er wieder vom Baum hinunterklettert.

Auf der Website zu finden unter: »Kreischen« und dem Stichwort »Vimsan kreischt, faucht, spuckt und knurrt«.

Beispiel 2: Noch ein Treffen auf dem Apfelbaum zwischen Vimsan und Kompis.

Auf der Website zu finden unter: »Kreischen« und dem Stichwort »Vimsan knurrt, kreischt und spuckt«.

Hörbeispiele Katzengesang

Kater auf der Suche nach rolligen Kätzinnen

Beispiel 1: Der Kater Rot wandert durch unseren Garten, bespritzt Zäune und Pflanzen, reibt sich an Gartenmöbeln und »singt« oder miaut wiederholt. Vielleicht sucht er eine rollige Kätzin.

Auf der Website zu finden unter: »Katzengesang« und dem Stichwort »Rot singt und miaut«.

Beispiel 2: Wegen der Versorgung von Kompis' Wunden aus einem Revierkampf wollte unser Tierarzt mit dem Kastrieren des Katers warten, bis alles gut verheilt war. In diesem Frühling habe ich ihn ein paarmal gefilmt, als er unsere Kätzinnen (Donna und Vimsan) angesungen hat – mit schmeichelndem Gurren sowie sehnsüchtigem Miauen.

Auf der Website zu finden unter: »Katzengesang« und dem Stichwort »Kompis singt für Donna«.

Beispiel 3: Hier hört man deutlich, dass Kompis Donna ganz anders ansingt als mich, seinen Menschen (mir gegenüber klingt es viel heller, fast wie bei einem Katzenkind).

Auf der Website zu finden unter: »Katzengesang« und dem Stichwort »Kompis singt für Donna und mich«.

Rollige Kätzinnen

Beispiel 1: Die rollige Vimsan tretelt in Hockstellung, während sie ganz leise gurrt und fiept. Auf der Website zu finden unter: »Katzengesang« und dem Stichwort »Vimsan gurrt und fiept leise«.

Beispiel 2: Wenn Sie ganz genau zuhören, können Sie vielleicht das eine oder andere weiche Gurren hören, während unsere rollige Vimsan sich auf dem Teppichboden hin- und herrollt. Auf der Website zu finden unter: »Katzengesang« und dem Stichwort »Vimsan gurrt ganz leise«.

Beispiel 3: Die rollige Vimsan wandert unruhig auf und ab in unserem Haus und fiept leise (und wiederholt) vor sich hin.

Auf der Website zu finden unter: »Katzengesang« und dem Stichwort »Vimsan ist rollig und fiept leise«.

Immer wieder finde ich auf YouTube gute Beispiele für den Gesang einer rolligen Kätzin. Manche Weibchen kombinieren Gurren mit lautstarkem Jammern und Miauen. Andere »singen« auch laut, aber etwas anders. Die besten Beispiele mache ich auch auf meiner Website für Sie zugänglich.

Auf der Website zu finden unter: »Katzengesang« und den Stichworten »Kätzin singt 1« und »Kätzin singt 2«.

Hörbeispiele Schnurren

Beispiele 1–4: Unsere Katzen Vincent, Donna, Rocky und Turbo haben ihre ersten Beiträge zur Katzenlautforschung mit ihrem Schnurren geleistet. Alle vier Videos zeigen sie etwa eine Minute lang ruhig schnurrend. Am Anfang untersuchte ich die Bewegung ihrer Rippen, das heißt, wie die Rippen beim Einatmen hochgehoben werden bzw. beim Ausatmen sinken, was Auskunft darüber gibt, welchen Atemphasen die verschiedenen Teile des Schnurrens zuzuordnen sind.

Die Videos sind auf der Website zu finden unter: »Schnurren« und den folgenden Stichworten:

a) »Vincent schnurrt«
b) »Donna schnurrt«
c) »Rocky schnurrt«
d) »Turbo schnurrt«

Beispiel 5: Die Kombination aus Schnurren, Gurren und Quieken ist so niedlich, besonders wenn unsere Donna sie hervorbringt.

Auf der Website zu finden unter: »Schnurren« und dem Stichwort »Donna schnurrt und quiekt«.

Beispiel 6: Turbo schläft und schnarcht in seinem Korb auf dem Schreibtisch, und wenn ich ihn streichle, fängt er an zu schnurren.

Auf der Website zu finden unter: »Schnurren« und dem Stichwort »Turbo schnarcht und schnurrt«.

Beispiel 7: Wenn Turbo dringend meine Aufmerksamkeit möchte, fängt er oft mit einem rauen, heiseren Miauen oder Quieken an. Er miaut, bis er bekommt, was er will, und fängt dann sofort an, zu schnurren und treteln. Dieser Videoclip zeigt, wie er das normalerweise macht.

Auf der Website zu finden unter: »Schnurren« und dem Stichwort »Turbo miaut und schnurrt«.

Hörbeispiele Schnattern und Zwitschern

Schnattern

Beispiel 1: Unser Rocky sitzt auf dem Küchentisch, schnattert und zwitschert einen Vogel vor dem Fenster an, springt dann runter und läuft zum Fenster.

Auf der Website zu finden unter: »Schnattern und Zwitschern« und dem Stichwort »Rocky schnattert und zwitschert«.

Zwitschern (und Variationen oder Kombinationen)

Beispiel 1: Turbo sitzt am Küchenfenster und zwitschert einen Vogel an. Danach verliert er das Interesse und springt gurrend von der Fensterbank runter.

Auf der Website zu finden unter: »Schnattern und Zwitschern« und dem Stichwort »Turbo zwitschert im Küchenfenster«.

Beispiel 2: Donna sitzt oft am Küchenfenster und zwitschert Vögel an (und gurrt manchmal auch zwischendurch).

Auf der Website zu finden unter: »Schnattern und Zwitschern« und dem Stichwort »Donna zwitschert im Küchenfenster«.

Beispiel 3: Rocky hat ein großes Zwitscher-Vokabular, er kombiniert Zwitscherlaute mit weicherem Piepsen.

Auf der Website zu finden unter: »Schnattern und Zwitschern« und dem Stichwort »Rocky piepst Vögel an«.

Beispiel 4: Rocky kann auch Zwitschern und Piepsen mit längerem Trällern kombinieren, in vielen melodischen Variationen und mit Tremolo.

Auf der Website zu finden unter: »Schnattern und Zwitschern« und dem Stichwort »Rocky trällert«.

Tabellen

Tabellen mit phonetischen Zeichen

An die Lauttyp-Tabelle (S. 242/243) schließen Tabellen an, die die phonetische Zeichen aufführen, die ich in diesem Buch benutzt habe. Laute, von denen ich annehme, dass Katzen sie wahrscheinlich produzieren können, die ich aber noch nicht hören oder aufzeichnen konnte, sind durch runde Klammern als solche gekennzeichnet.

Tabelle 1: Vokale (S. 244)

In dieser Tabelle sind die Vokale aufgeführt, die ich in Katzenlauten heraushören konnte. Dazu kommen einige Vokale, die ich noch nicht bei Katzen gehört habe, von denen ich aber annehme, dass sie sie produzieren könnten. Die meisten Vokale können kurz sowie lang vorkommen. Wenn lange Vokale in einer phonetischen Transkription im Buch vorkommen, werden sie von einem Längenzeichen [ː] gefolgt. Den Unterschied zwischen kurzen und langen Vokalen gibt es auch im Deutschen, zum Beispiel das kurze »a« [a] in »Katze« und das lange »a« [aː] in »Kater«.

Tabelle 2: Konsonanten (S. 245)

In dieser Tabelle habe ich die Konsonanten gesammelt, die ich in Katzenlauten heraushören konnte. Dazu kommen einige Konsonanten, die ich nicht gehört habe, die Katzen aber eigentlich produzieren können müssten.

Tabelle 3: Sonstige phonetische Zeichen (S. 246)

Außer Vokalen und Konsonanten habe ich einige Spezialzeichen benutzt, um andere phonetische Merkmale oder Hinweise, die ich in Katzenlauten gefunden habe, genauer zu beschreiben.

Lauttyp-Tabelle

Lauttyp	Unterkategorie	Artikulation (Maul)	Stimme
Miauen	Fiepen	Öffnend (offen)	Stimmhaft, sehr hoch/hell
Miauen	Quieken	Öffnend	Stimmhaft, hoch/hell, heiser, kratzig
Miauen	Jammern	Öffnend-schließend	Stimmhaft, oft fallender Ton
Miauen	Miauen	Öffnend-schließend	Stimmhaft, oft steigend-fallen (aber viele Variationen)
Gurr-Miauen	Gurr-Miauen	Geschlossen-öffnend (-schließend)	Stimmhaft, steigender Ton
Gurren	Gurren, Trillern	Geschlossen, Luft entweicht durch die Nase	Stimmhaft, hoch/hell/steigen Ton
Gurren	Murren, Brummen, Grunzen	Geschlossen, Luft entweicht durch die Nase	Stimmhaft, tiefer/dunkler, oft eben oder fallender Ton
Knurren	Knurren, Grollen	Leicht offen	Stimmhaft, sehr tief
Fauchen	Fauchen	Offen	Stimmlos
Fauchen	Spucken	Offen	Stimmlos
Heulen	Heulen, Gesang	Offen (leicht öffnend-schließend)	Stimmhaft, Melodie steigt und fällt in wiederholenden Muste
Knurr-Heulen	Knurr-Heulen	Geschlossen öffnend-schließend	Stimmhaft, Melodie steigt und fällt zwischen sehr tief (Knurr und sehr hell (Heulen)
Kreischen	Kreischen, Schreien	Gespannt offen	Stimmhaft, oft heiser und rau, Melodie eben oder fallend
Katzengesang	Katzengesang	(Geschlossen-) öffnend-schließend	Stimmhaft, Melodie steigt oft am Ende
Schnurren	Schnurren	Geschlossen, Luft entweicht meistens durch die Nase	Wahrscheinlich meist stimmlo aber regelmäßig vibrierend, extrem tief (20 Hz)
Schnattern	Schnattern, Keckern	Offen	Stimmlos
Schnattern	Zwitschern, Meckern	Offen	Stimmhafte, laute kurze Sequenzen
Schnattern	Piepsen	Offen (leicht schließend)	Stimmhafte, weiche kurze Sequenzen
Schnattern	Trällern	Offen (leicht schließend-öffnend)	Stimmhafte, weiche längere L

onetische Kategorie	Typische phonetische Transkription	Bemerkungen
elles Miauen, oft mit [i], [ɪ], [e] und [u] als kal(en)	Oft [me], [wi] oder [mɪu]	Ruflaut (oft von Jungen)
atziger, nasaler, heller, oft kurzer, dem ̧pen ähnlicher Laut mit [ɛ] oder [æ]	Oft [wæ], [mɛ] oder [ɛʊ]	Ruflaut (oft von Erwachsenen)
t »klagendes« oder traurig klingendes ̧auen, oft mit [o] oder [u] als Vokal(en)	Oft [mou] oder [wuæu]	Laut der Unzufriedenheit und des Missmutes
̧mbination von mehreren Vokalen, die die ̧arakteristische [iau]-Sequenz ergeben	Oft [miau], [ɛau] oder [wɑːʊ]	Häufigster Laut gegenüber Menschen, um Aufmerksamkeit einzufordern
̧ Gurren geht in ein Miau über	Oft [br̃iuw], [br̃ːmiau], [mhr̃iauw], [mhr̃ŋ-au] oder [whr̃ːau]	Häufiger Laut gegenüber Menschen, um Aufmerksamkeit einzufordern
̧nelt trillerndem Zungenspitzen-»r«, ist ̧er nasal	Oft [mr̃ːh] oder [m.r̃ːut]	Freundlicher Lauttyp, Begrüßungs- und Locklaut
̧nelt Zungenspitzen-»r« oder trillern- ̧m, hinterem Zäpfchen-»r«, oft heiser und ̧sal	Oft [m̩ː] oder [br̃ː]	Freundlicher Lauttyp, oft Begrüßungs- oder Bestätigungslaut
̧hr tiefer, ausgedehnter Vibrant, manch- ̧al mit knarrendem »m« im Ansatz	Oft [ɡʀː], [ʀː] oder knarrend trillerndes [ɪ̰ː], [ʌ̰ː]	Warnlaut
̧nterer Reibelaut oder ein hellerer vorderer ̧ilant	Oft [fːh], [çː], [ʃː] oder [s̪ː]	Warnlaut
̧t Affrikate (Verschlusslaut + Reibelaut)	Oft [t͡sː], [khː] oder [k͡ʃː]	Explosiver Warnlaut
̧mbination aus ausgedehnten vokalischen ̧d halbvokalischen Lauten wie [ɪ], [i], [j], ̧, [au], [ɛɔ], [aw], [ɔɪ], [ɑo]	Z. B. [awɔɪɛʊː], [jiɛaʊw] oder [ɪːaʊaʊaʊaʊawawaw]	Befindet sich im gleichen Frequenzbereich wie Babyweinen
̧mbination von Knurren und Heulen mit ̧r großen Melodiesteigungen und ̧nkungen	Z. B. [ɡʀːawɪjɑoʀː]	Warnlaut
̧rze, oft lautstarke Vokallaute	Oft [a], [æ], [aʊ] oder [ɛo]	Der Laut extremer Wut, im Streit oder bei Schmerzen
̧nge betonte Vokale, oft mit [w] oder ̧llernden Konsonanten im Ansatz	Oft Sequenzen von [wa͡uw], [r̃ːɪːaʊː], [mhr̃ːwaːoːuːɪː] und [r̃ːwːuːaːu]	Oft nachts im Frühjahr, häufig stundenlange »Konzerte«
̧iser, anhaltender, sehr tiefer luftiger ̧brant-Laut wie [ʀ̃] oder [r̃], oft mit weichen ̧l-Konsonanten kombiniert, der während ̧ntinuierlich (ab)wechselndem Ein- und ̧satmen produziert wird	Ungefähr [↓hːr̃-↑r̃ːh-↓hːr̃-↑r̃ːh] oder [↓hːʀ̃-↑r̃ːh-↓hːʀ̃-↑r̃ːh]	Bedeutet eher »Ich bin keine Bedrohung« als »Mir geht es gut«, aber wir wissen immer noch nicht genau, wie Katzen schnurren
̧iederholte Konsonanten, oft »k«-ähnlich ̧er [ʔ] (Knacklaut)	Oft [ʔ ʔ ʔ ʔ ʔ] oder [k̚ k̚ k̚ k̚ k̚]	Oft gegenüber Beutetieren
̧acklaut [ʔ], gefolgt von kurzem Vokal, ̧ »ä«, »a« oder »e«	Oft [ʔə], [k̚=e] oder [ʔɛʔɛʔɛ]	Oft gegenüber Beutetieren
̧iches Zwitschern ohne [ʔ], aber evtl. mit ̧] im Ansatz, Vokale oft »i«, »ä« oder »u«	Oft [wi] oder [ɦɛu]	Oft gegenüber Beutetieren
̧ngeres ausgedehntes Zwitschern oder Piep- ̧n, oft mit Tremolo oder zitternder Melodie	Z. B. [waɛɥa] oder [ʔəɛɥa]	Oft gegenüber Beutetieren

Tabelle 1:

Phonetisches Zeichen	Wortbeispiele (beabsichtigter Sprachlaut in Fettdruck)	Beispiel in Katzenlauten	Beschreibung
[a]	**Ka**tze, **Ka**ter	[miaʊ]	offener vorderer ungerundeter Vokal
[ɑ]	Englisch: h**a**rd (hart)	[wɑːʊ]	offener hinterer ungerundeter Vokal
[ɐ]	Mutt**er**	(noch nicht gehört)	fast offener zentraler ungerundeter Vokal
[ɛ]	M**e**nsch, K**ä**se (aber viele sagen [keːsɛ] mit »e«)	[ɛaw]	halb offener vorderer ungerundeter Vokal
[æ]	Englisch: c**a**t, h**a**nd, also ein Vokal zwischen [a] und [ɛ]	[wa-æh-æh]	zwischen halb offenem und offenem vorderen ungerundeten Vokal
[ə]	Krall**e**	[ʔɛ ʔə]	halb offener vorderer ungerundeter Vokal
[e]	g**e**guckt, f**e**hlen	[meːʊ]	halb geschlossener vorderer ungerundeter Vokal
[i]	T**i**ger	[miu]	geschlossener vorderer ungerundeter Vokal
[ɪ]	f**i**nden	[mɪ-ɑːou]	fast geschlossener, fast vorderer ungerundeter Vokal
[ɨ]	Polnisch: s**y**n (Sohn)	[jiiɛaw]	geschlossener zentraler ungerundeter Vokal
[ɔ]	**o**ffen	[ɛɔ]	halb offener hinterer gerundeter Vokal
[ʌ]	Englisch: b**u**t (aber)	[ʌ̱ː] (z. B. Knurren)	halb offener hinterer ungerundeter Vokal
[o]	**O**hren	[oːɪ oːɪ oːɪ oːɪ]	halb geschlossener hinterer gerundeter Vokal
[ɤ]	Estnisch: S**õ**na (Wort) (ungerundetes [o])	(noch nicht aufgezeichnet)	halb geschlossener hinterer ungerundeter Vokal
[œ]	H**ö**lle	(noch nicht gehört)	halb offener vorderer gerundeter Vokal
[ø]	L**ö**we	(noch nicht gehört)	halb geschlossener vorderer gerundeter Vokal
[ʊ]	F**u**tter	[miaʊ]	fast geschlossener zentraler gerundeter Vokal
[u]	P**u**ma	[miu]	geschlossener hinterer gerundeter Vokal
[ʏ]	Sch**ü**ssel	(noch nicht gehört)	fast geschlossener, fast vorderer gerundeter Vokal
[y]	s**ü**ß	(noch nicht gehört)	geschlossener vorderer gerundeter Vokal

244

Tabelle 2:

Phonetisches Zeichen	Wortbeispiele (beabsichtigter Sprachlaut in Fettdruck)	Beispiel in Katzenlauten	Beschreibung
[ʔ]	be**ʔ**achten	[ʔɛʔɛʔɛ]	stimmloser glottaler Plosiv (Knacklaut)
[b]	**B**ein	[br:iau]	stimmhafter bilabialer Plosiv
[ç]	Mil**ch**, Frau**ch**en	[ç:] (z. B. Fauchen)	stimmloser palataler Frikativ (Ich-Laut)
[ɕ]	Schwedisch: kär**l**ek (Liebe)	[ɕː] (z. B. Fauchen)	stimmloser alveolopalataler Frikativ
[f]	**F**utter, Vo**g**el	[f:h:]	stimmloser labiodentaler Frikativ
[g]	Ge**g**ner	[gʀ:]	stimmhafter velarer Plosiv
[h]	**H**aus	[f:h:]	stimmloser glottaler Frikativ
[ɦ]	A**h**a!	[ɦɛu]	stimmhafter glottaler Frikativ
[j]	**j**ung	[jiiɛɑw]	stimmhafter palataler Approximant
[k]	**K**atze	[k̚ k̚ k̚ k̚ k̚]	stimmloser velarer Plosiv
[l]	**l**iegen	(noch nicht aufgezeichnet)	stimmhafter alveolarer Lateral
[m]	**M**aus	[mhr̝:]	stimmhafter bilabialer Nasal
[n]	**N**ase	(noch nicht aufgezeichnet)	stimmhafter alveolarer Nasal
[ŋ]	la**ng**, si**ng**en	[mhr̝ŋ-au]	stimmhafter velarer Nasal
[p]	**p**inkeln	(noch nicht gehört)	stimmloser bilabialer Plosiv
[pf]	To**pf**	(noch nicht gehört)	stimmlose labiodentale Affrikate
[r]	**R**atte, **r**ot	[m:r̝:ut]	mit der Zungenspitze gerolltes »r«, stimmhafter alveolarer Vibrant
[ɹ]	Englisch: **r**at (Ratte)	[ɹː]	stimmhafter alveolarer Approximant
[ʀ]	**R**atte, **r**ot	[gʀːawɪjɑoʀ:]	am Gaumenzäpfchen gerolltes »r«; stimmhafter uvularer Vibrant
[ʂ]	Schwedisch: tö**rst** (Durst)	[ʈʂ]	stimmloser retroflexer Frikativ
[ʃ]	**Sch**nurren	[kʃːt]	stimmloser postalveolarer Frikativ
[t]	**T**asse	(nur in Affrikaten gehört)	stimmloser alveolarer Plosiv
[t͡ʃ]	Kla**tsch**	[t͡ʃ]	stimmlose alveolare Affrikate
[w]	Englisch: **w**e (wir)	[whr̝:au]	stimmhafter bilabialer Approximant
[ɥ]	Französisch: h**ui**t (acht)	[wəəɥə]	stimmloser velarer Approximant

Tabelle 3:

Phonetisches Zeichen	Wortbeispiele (beabsichtigter Sprachlaut in Fettdruck)	Beispiel in Katzenlauten	Beschreibung
[ː]	**Kat**er	[wɑːʊ]	Längenzeichen (vorhergehendes Zeichen wird lang ausgesprochen)
[k̟]	**dr**eckig	[k̟˭ k̟˭ k̟˭ k̟˭ k̟˭]	Weiter vorne gesprochen
[k˭]	**k**eckern, S**k**at	[k̟˭ k̟˭ k̟˭ k̟˭ k̟˭]	Unaspiriert (nach dem »k« wird keine weitere Luft rausgelassen)
[aū]	**Au**gen	[aū]	Zusammen ausgesprochen
[˜]	Französisch: bõn (gut)	[r̃] (z. B. Gurren)	Nasal oder nasalierend
[m̰]	(ein [m] mit knarrender Stimmqualität)	[m̰ː] (z. B. Gurren)	Knarrend (mit Verengung oder Verschluss der Stimmbänder gesprochen)
[↓]	Nordschwedisch: ja (ja) (während des Einatmens gesprochen)	[↓h:r̃-↑r̃:h-↓h:r̃-↑r̃:h]	Ingressiv (während des Einatmens gesprochen)
[↑]	ja (während des Ausatmens gesprochen)	[↓h:r̃-↑r̃:h-↓h:r̃-↑r̃:h]	Egressiv (während des Ausatmens gesprochen)

Glossar – wichtige Fachbegriffe

Affrikate: *Verschlusslaut*, dem ein *Reibelaut* folgt, wie bei: P̲fad, zw̲ei, Kup̲fer

Akustisch: den Schall oder Klang betreffend

Alveolar: Laut, der mit der Zunge am Oberkiefer, genauer: am oberen *Zahndamm*, gebildet wird, wie bei D̲ach, D̲s̲chungel oder Kat̲z̲e

Approximant: wird auch als Öffnungslaut bezeichnet, hier kann die Luft beim Ausatmen frei durch den Mundraum strömen wie das »j« bei Maja und wird nicht gehemmt wie bei einem Reibelaut.

Aspirieren: ein Laut wird mit einem deutlich hörbaren Hauch ausgesprochen wie bei k̲a̲l̲t̲

Auditiv: etwas mit dem Hörsinn wahrnehmen, es akustisch wahrnehmen

Bilabial: mit beiden Lippen gebildeter Laut, das sind im Deutschen »b«, »m« und »p« wie bei B̲ein, m̲öglich und p̲einlich

Diphthong: ein Doppellaut oder Doppelvokal, z. B. »eu«, »ei«, »au« bei H̲e̲u̲, F̲e̲i̲er, M̲a̲u̲s̲

Egressiv: Laut, der beim Ausströmen der Luft durch die Lippen entsteht; Gegenteil von *Ingressiv*

Elektromagnetische Artikulographie: Verfahren zur (klinischen) Untersuchung der Sprechmotorik, hier können z. B. die Zungenbewegungen während des Sprechens analysiert werden

Frikativ: auch *Reibelaut* genannt; *stimmhafte* oder auch *stimmlose Konsonanten*, die bei ausströmender Luft an Lippen, Gaumen oder Zähnen reiben, wie »j« bei J̲ournal oder »s« bei S̲age oder Stimme

Glottal: glottale Laute werden mit der Stimmritze, der Glottis, gebildet

Halbvokal: Laute, die weder eindeutig ein *Vokal* noch ein *Konsonant* sind, kann daher auch als Halbkonsonant bezeichnet werden, z. B. das »i« in Nat̲ion oder »j« in Fjord, hier liegt der Vokal am Silbenrand, trägt aber nicht die Silbe (man sagt ja nicht Na-ti-on, sondern Na-tion)

Ingressiv: Gegenteil von *Egressiv*; hier entsteht der Laut (es handelt sich hier nur um Laute, Wörter sind im Deutschen nicht ingressiv) beim Einströmen der Luft, also entgegen der normalen Strömungsrichtung beim Sprechen, z. B. bei einem »Huch«-Laut, der beim Erschrecken erzeugt wird

Konsonant: Mitlaut, der durch eine Verengung des Stimmtraktes entsteht; man unterscheidet *stimmhafte* (wie »b«, »n«, »l«) und *stimmlose* (wie »f«, »k«, »s«) *Konsonanten*, den Ort der Entstehung (Lippen, Gaumen, Zunge usw.) sowie die Art (z. B. *Plosiv, Frikativ, Nasal*) des Konsonanten; das Gegenteil des Konsonanten ist der *Vokal*, auch Selbstlaut genannt

Labiodental: Artikulationsort; ein *Konsonant* bzw. Laut wird mit Lippen und Zähnen gebildet, so wie »f« in f̲eige und »w« in W̲ald

Lateral: auch Seitenlaut genannt; Laut bzw. *Konsonant*, bei dem die Luft nicht in der Mitte, sondern an den Seiten des Mundraumes entweicht, die Zunge drückt mittig an den *Zahndamm*, so wie bei »l« in l̲ang, l̲odern, l̲achen

Nasal: auch *Nasenlaut* genannt; Laut bzw. *Konsonant*, bei dem die Luft gänzlich oder teilweise durch die Nase entweicht, so wie bei »m« in m̲ein und »n« in n̲irgends oder »ng« in Man̲g̲el

Palatal: Laut, der mit Zunge und dem vorderen harten Gaumen (Palatum) gebildet wird, wie bei ich oder Gnocchi

Pheromon: Duft- bzw. Botenstoff, der von einem Individuum zu einem anderen derselben Art eine Information überträgt und beim Empfänger eine Reaktion auslöst, z. B. Beruhigung oder auch Aufregung

Phonem: kleinste bedeutungsunterscheidende Einheit der Sprache, Vokal- und Konsonantlaute; durch das Auswechseln eines Phonems entsteht eine neue Wortbedeutung, von »b« in Bein zu »p« in Pein, von »h« in Haus zu »m« in Maus, von »o« in Mode zu »a« in Made

Phonetik: Wissenschaftsbereich, der sich mit den Charakteristika und der Bedeutung von Lauten einer Sprache beschäftigt, z. B. wie entsteht ein Laut, wo wird er erzeugt und wie wird er vom Hörer aufgenommen und weiterverarbeitet, es geht also um physikalische, physiologische und psychische Aspekte

Phonetiker/Phonetikerin: Wissenschaftler / -in, der / die sich mit der Phonetik beschäftigt

Postalveolar: Artikulationsort; der Laut bzw. *Konsonant* wird etwas weiter hinten als beim *alveolaren* Laut hergestellt, also hinter dem *Zahndamm*, so wie bei Journalist, Garage oder Schule

Plosiv: auch *Verschlusslaut* genannt; *stimmhafter* oder *stimmloser Konsonant*, der erst durch einen Verschluss des Atemluftstroms gebildet wird, der sich dann rasch öffnet, wie bei »p« in Partner oder »t« in Tatsache

Prosodie: Gesamtheit derjenigen lautlichen Charakteristika einer Sprache, die nicht an den Laut (ans *Phonem*), sondern an umfassende lautliche Einheiten gebunden sind, u. a. Betonung eines Wortes oder einer Silbe, Tempo, Sprechpausen, Akzente, Intonation usw.

Reibelaut: siehe *Frikativ*

Retroflex: Laut, der mit einer zurückgebogenen Zungenspitze erzeugt wird, kommt im Deutschen nicht vor

Sibilant: auch *Zischlaut* genannt; meist ein *Reibelaut / Frikativ*, wird am *Zahndamm* oder vorderen weichen Gaumen gebildet, kann *stimmlos* wie bei Hau<u>s</u> oder <u>Sch</u>ule, aber auch *stimmhaft* wie bei Garage oder Ha<u>s</u>e sein.

Stimmhaft: Laut wird mit Beteiligung der Stimmlippen bzw. -bänder gesprochen, die in Schwingung versetzt werden, alle *Vokale* (außer geflüsterte) sind stimmhaft, aber auch viele *Konsonanten* wie b«, »d« oder »v«

Stimmlos: Laut wird ohne Beteiligung der Stimmlippen bzw. -bänder gesprochen, diese liegen so weit auseinander, dass der Luftstrom ungehindert hindurchfließt und das Hindernis weiter vorne im Mundraum liegt, manche (aber nicht alle) *Frikative* und *Plosive* sind stimmlos, etwa f«, »t« oder »h«

Taktil: durch Berührung erforschen, den Tastsinn nutzen

Transkription: in eine andere Sprache übersetzen bzw. übertragen, bei der phonetischen Transkription werden die Laute in ein Lautschriftsystem übertragen, das Auskunft über die Aussprache gibt

Tremolo: zitternde, bebende Stimme, insbesondere im Gesangsbereich verwendeter Begriff

Treteln: auch als Milchtritt bezeichnet, rhythmisches Treten von vor allem jungen Säugetieren, um den Milchfluss der Mutter anzuregen; Haus- und sogar Wildkatzen treteln auch später noch, z. B. um sich ihren Schlafplatz herzurichten

Uvular: Laut, der mithilfe des Gaumenzäpfchens im hinteren Mund-Rachen-Bereich gebildet wird, so wie das »r« bei <u>R</u>achen oder <u>R</u>übe

Velar: Laut, der mit dem hinteren Teil der Zunge am Gaumensegel oder am Hintergaumen (Velum) gebildet wird, wie das »k« in K<u>a</u>tze, »ch« in Da<u>ch</u> oder »ng« in Kla<u>ng</u>

Verschlusslaut: siehe *Plosiv*

Vibrant: auch *Zitterlaut* genannt, weil der Laut Zunge oder auch Gaumenzäpfchen in eine zitternde, vibrierende Bewegung bringt, z. B. ein rollendes »r« wie bei dem Laut, mit dem man Pferde zum Stehen bringen möchte: brrr, oder die Aussprache des »r« im fränkischen Dialekt

Vokal: *stimmhafter* Selbstlaut, bei dem die Stimmbänder vibrieren und die Luft ungehindert durch den Mundraum austreten kann, Vokale im Deutschen sind zum Beispiel »a«, »e«, »i«, »o«, »u« sowie »ä«, »ö« und »ü«; das Gegenteil des Vokals ist der *Konsonsant*

Zahndamm: Bereich zwischen der oberen Zahnreihe und dem vorderen Gaumenbereich

Zitierte und weiterführende Literatur

Bradshaw, J. W. S. (2013). *Cat sense: the feline enigma revealed*. London: Penguin Books.

Brown, K. A., Buchwald, J. S., Johnson, J. R., & Mikolich, D. J. (1978). Vocalization in the cat and kitten. *Developmental Psychobiology, 11*(6), 559–570.

Clark, M. R. (1895). *Pussy and her language*. [Herausgeber unbekannt].

Darwin, C., & Ekman, P. (1998). *The expression of the emotions in man and animals* (3. Aufl.). London: Harper Collins.

Dexel, B. (2014). *Birga Dexel's Clickertraining für Katzen*. Stuttgart: Kosmos-Verlag.

Leyhausen, P. (2005). *Katzenseele: Wesen und Sozialverhalten*. Stuttgart: Franckh-Kosmos.

McComb, K., Taylor, A. M., Wilson, C., & Charlton, B. D. (2009). The cry embedded within the purr. *Current Biology, 19*(13).

Moelk, M. (1944). Vocalizing in the house-cat; a phonetic and functional study. *The American Journal of Psychology, 57*(2), 184.

Ohala, J. J. (1994). »The frequency codes underlies the sound symbolic use of voice pitch«. In: *L. Hinton, J. Nichols, & J. J. Ohala (Hrsg.), Sound symbolism* (S. 325–347). Cambridge: Cambridge University Press.

Danksagung

Ich finde es eigentlich fast unglaublich: Ich, eine Schwedin, die bisher nur sehr wenig auf Deutsch geschrieben hat, habe ein Buch über mein größtes Forschungsinteresse und mein Lieblingshobby Katzenlaute verfasst – auf Deutsch! Das hätte ich niemals tun können ohne die vielen Menschen, die mir dabei geholfen haben.

Wenn mich Bettina Stimeder vom Ecowin Verlag nicht angerufen und gefragt hätte, ob ich Lust hätte, ein Buch über Katzenlaute zu schreiben, würde ich immer noch nur davon träumen, ein solches Buch zu schreiben. Und ohne meine Lektorinnen Friederike Thompson und Silke Martin würde kein Mensch dieses Buch lesen können, denn ich schreibe wirklich ein sehr schreckliches und schlechtes Deutsch! Was sie aus meinem Text gemacht haben, ist einfach fantastisch! Danke auch an alle im Verlag, die mich 2017 in Salzburg so herzlich als Gast empfangen haben und mir so viel darüber gezeigt haben, was in einem Buchverlag so passiert.

Mein Doktorvater, Phonetikerkollege und Freund Dr. Per Lindblad hat das gesamte Manuskript sorgfältig gelesen und es stundenlang mit mir diskutiert, und dafür bin ich ihm unendlich dankbar. Es hat wirklich Spaß gemacht, über meinen Text mit ihm zu sprechen, und er hat mir eine Menge Verbesserungen vorgeschlagen. Die phonetischen Abschnitte im Buch sind auch oft von Per Lindblads eigenen Büchern und Kompendien inspiriert. Leider sind diese alle auf Schwedisch, sonst würde ich sie als Lektüre jedem, der ein bisschen mehr über Phonetik wissen möchte, empfehlen. Dr. Gilbert Ambrazaitis, ein deutscher Phonetikerkollege von mir, hat auch die meisten phonetischen Abschnitte gelesen und mir geholfen, die richtigen deutschen Fachbegriffe zu finden. Danke, Gilbert! Die verbliebenen Fehler (Schreibfehler, phonetische und andere Fehler) sind nur meine eigenen. Ein großes Dankeschön möchte ich auch an meine anderen sprachwissenschaftlichen und logopädischen Kollegen an der Universität Lund richten und an alle Zuhörer, die meine Vorträge gehört haben und danach mit mir über Katzenkommunikation diskutiert haben. Hier möchte ich besonders meinen Mitarbeitern bei mehreren Studien über Katzenlaute und bei meinem Projekt »Melody in human–cat communication«, Dr. Robert Eklund und Dr. Joost van de Weijer, danken, aber auch den Mitarbeitern des Lund University Humanties Lab.

Ich bin der Marcus und Amalia Wallenberg Stiftung ein großes Dankeschön schuldig dafür, dass sie mein Projekt unterstützen, und den vielen netten Reportern und Journalisten, die mich – auch oft auf Deutsch – interviewt und mir geholfen haben, meine Forschung auch Laien zu erklären.

Auch ein warmes Dankeschön geht an Birga Dexel und Tanja Warter, die ich 2017 in Bregenz bei dem Animalicum-Kongress kennengelernt habe und von denen ich so viel über Katzenmedizin und Katzenverhalten gelernt habe – und die mir Mut gemacht haben, meinen kleinen Beitrag zur Katzenforschung auf Deutsch zu kommunizieren.

Danke auch an alle Menschen, die mir Mails mit Video- und Tonaufnahmen ihrer Katzen geschickt haben. Diese zusätzlichen Aufnahmen von Katzen haben mir sehr geholfen, mehr über Katzenlaute generell – und nicht nur die Laute meiner eigenen Katzen – schreiben zu können. Deshalb danke auch an alle Katzen, deren Laute ich gehört und studiert habe.

Schließlich möchte ich den Hauptfiguren in meinem Buch danken: meinen wunderbaren Katzen Donna, Rocky, Turbo, Vimsan und Kompis sowie der Nachbarkatze Grauweiß, die mir alles, was ich über Katzenlaute weiß, beigebracht haben, und natürlich auch meinem Mann Lars, mit dem ich die Freude, die uns unsere Katzen jeden Tag schenken, teile.

Vielen, vielen Dank an alle – ich weiß das sehr zu schätzen.